飞吧！鸟中王者

听中国猛禽讲它们的故事

FLY ! THE KING OF ALL BIRDS

郑中原　何建国◎著　郑中原　庄楠◎绘

電子工業出版社
Publishing House of Electronics Industry
北京 · BEIJING

把爱送给所有长着羽毛的朋友

Give love to all your friends with feathers

图书在版编目（CIP）数据

飞吧！鸟中王者：听中国猛禽讲它们的故事 / 郑中原，何建国著；郑中原，庄楠绘. -- 北京：电子工业出版社，2024. 10. -- ISBN 978-7-121-48453-7

Ⅰ. Q959.7-49

中国国家版本馆 CIP 数据核字第 202408NE23 号

责任编辑：张　冉
印　　刷：北京利丰雅高长城印刷有限公司
装　　订：北京利丰雅高长城印刷有限公司
出版发行：电子工业出版社
　　　　　北京市海淀区万寿路 173 信箱　　邮编：100036
开　　本：787×1092　1/8　印张：12　字数：352.8 千字
版　　次：2024 年 10 月第 1 版
印　　次：2024 年 10 月第 1 次印刷
定　　价：148.00 元

创作团队：何建国　郑中原　张　率　姚志鹏　李　慧　张　琦　张　佳
专业支持：邓文洪　北京猛禽救助中心
插　　画：郑中原　庄　楠　李　欣　高雯婧　李金铭　郭芸峥　霍云青
　　　　　李　蕊　罗丽丽　王翊凝　蒋禹祺　张建学

凡所购买电子工业出版社图书有缺损问题，请向购买书店调换。若书店售缺，请与本社发行部联系，联系及邮购电话：（010）88254888，88258888。
质量投诉请发邮件至 zlts@phei.com.cn，盗版侵权举报请发邮件至 dbqq@phei.com.cn。
本书咨询联系方式：（010）88254439，zhangran@phei.com.cn，微信号：yingxianglibook。

写在前面的话

“啊？猛什么？什么禽啊？猛什么禽啊？”当我向陌生的朋友介绍猛禽救助工作的时候，经常会碰到这种打岔或追问。然后我就要从大大的天空飞着很多的鸟，其中有一个重要的群体叫猛禽，它们为什么需要救助开始说起……每次重复这个故事，我都会像第一次讲述那样津津有味，听故事的大小朋友也都听得入神。

北京猛禽救助中心，这座极为特别的野生动物专科医院已经救助了超过6000“位”分属40个种类的特殊病患。它们在这里得到最专业和细心的照顾和康复治疗，然后重返大自然，继续风雨兼程。为了出版这本“猛禽大书”，我们力求用直观的图画、易懂的文字和对科学细节极尽严苛的把控，努力让它“易读，好懂，有趣，有用”，从而将更准确的知识传递给小读者和大读者。

我第一次拿起样书就舍不得放下，中断了手头工作直至看完，我一下就被书里的猛禽知识吸引住了，因为这些知识与有趣的画风和真实的小故事连在一起，读起来毫不费力，又很生动，比看短视频过瘾。有趣的是，办公室的同事们提前“提货”拿去给家里的小朋友“开课”去了，更有看过书的小朋友拿去给自己的同学“开课”的。我看到了大小朋友对这本书的喜爱，同时我也相信，就像猛禽救助中心代表着最先进的野生动物救助水平一样，这本书的品质也达到了国际水准，并且应该能达到您的选择标准。

在每一只猛禽被救助的背后都有一个个善良、热爱生命、尊重生命的普通人，他们有幼儿园的老师和小朋友，有小学生、中学生、大学生，有快递小哥、家政阿姨、小区物业工作人员，有大爷大妈、公司白领、农民朋友，更重要的还有我们的公安干警和执法人员。正是因为他们每一个人的爱和行动，才让所有的救助故事都有了温暖的情节。在此，我们要致敬每一位帮助和救助野生动物的善良的普通人。数千羽重返蓝天的矫健身影和划过云端的强壮双翼，是千万双手和无数爱心的托举。我们很幸运，作为一家国际环保组织，有幸见证和参与了生态文明建设的伟大历程。绿水、青山有了鱼儿的灵动、虎豹的威猛，蓝天有了雄鹰振翅长空。

谨以此书，致敬生态文明的美好时代。

何建国
国际爱护动物基金会（IFAW）
中国国家代表

目录

真正的猛禽

鸮式套娃

隼式俯冲

鹰式生境

飞吧！猛禽

真正的猛禽

食物网示意图

猛禽是鸟类八大生态类群[①]之一，涵盖了鸟类传统分类系统中隼形目、鹰形目和鸮形目的所有种。其中隼形目、鹰形目为昼行性猛禽，鸮形目为夜行性猛禽。猛禽的共同特征是拥有锋利的、钩状的喙和尖锐的爪。

① 生态类群是指生态行为相似的生物种群组合。

不同鸟的喙

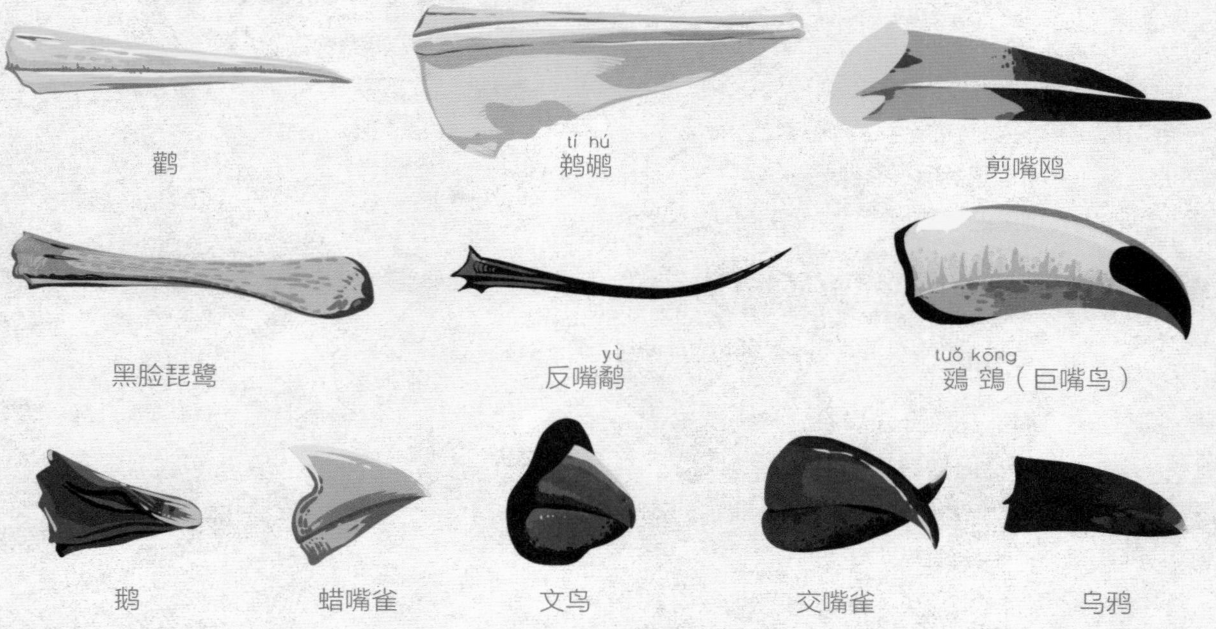

不同鸟的脚

鸟类生态类群可分为8个，其中有2个特殊类群在中国现存鸟类中不存在，那就是只会奔跑不会飞翔的走禽鸵鸟类和只会游泳不会飞翔的企鹅类。

中国境内现存的鸟类可划分为6个生态类群，分别是游禽、涉禽、陆禽、猛禽、攀禽、鸣禽。它们都属于突胸总目，共同特点是在胸骨正中长有向外垂直的骨板——龙骨突，以此来附着飞行肌肉；全身骨骼薄而轻，中空且充满气体。

猛禽三大家族

从演化生物学角度来看，鹰形目、鸮形目与犀鸟目、佛法僧目亲缘关系较近；另外，鹰形目和鸮形目之间的亲缘关系较近，却与同为猛禽的隼形目亲缘关系极远。

如何从外观上辨别鹰和隼？

翅膀

鹰　鹰在飞行时，翅膀外端有独立探出的初级飞羽，我们称为翼指。

隼　隼的翅形为三角形，尖端收拢，通常看不出明显的翼指。

虹膜

鹰　鹰的虹膜颜色相对多样，可表现为黄、橙、红、褐、蓝等颜色。

隼　隼的虹膜多为深褐色。

鼻孔

鹰　鹰的鼻孔是椭圆形的。

隼　隼的鼻孔是圆形的。

鹰形目：鹰科　美洲鹫科　蛇鹫科　鹗科

鹰形目（Accipitriformes）下分为鹰科、美洲鹫科、蛇鹫科和鹗科等四个，是昼行性猛禽，总数为266种，中国有55种[①]。该目鸟类包括鹰、雕和秃鹫等昼行性猛禽，它们体型大小不一，通常用尖锐的喙和锋利的爪子来杀死猎物。它们还以敏锐的视力著称，该目鸟类是世界上视力最好的动物之一，它们大多通过视觉定位猎物，眼上由额骨眶突外延形成的弧状突可以遮挡强光，同时在鹰形目猛禽的双翼最外侧还存在着“翼指”，这个构造可以辅助双翼获得更大的气动性能，从而提升它们的飞行能力。

鹰科的外形和大小都存在巨大差异，如体长约100厘米的秃鹫和体长约30厘米的日本松雀鹰同为鹰科，它们适应的生境也复杂多样。

① 书中物种数据参考国际鸟类学大会2023年6月数据和郑光美《中国鸟类分类与分布名录（第四版）》。

隼形目：隼科

隼形目（Falconiformes）是昼行性猛禽，总数为63种，中国有12种。虹膜多为黑褐色，能够在飞行中准确识别地面猎物。喙较小，上喙的下缘多具“齿突”结构，上喙端强烈下弯，具有锋利的弯钩，鼻孔开于蜡膜上，多为圆形，鼻孔无羽毛覆盖，且鼻孔内有棒状骨突。双脚强而有力，趾尖锐利而弯曲，可与喙配合共同杀死、撕裂猎物。双翼强健，多为狭长镰刀状。飞翔能力极强，可在快速飞行中捕捉空中猎物，如鸟类或昆虫等，也可在空中悬飞，突然收翅俯冲抓捕地面猎物。

鸮形目：草鸮科 鸱（chī）鸮科

鸮形目（Strigiformes）为夜行性猛禽，总数为255种，中国有32种。它们头宽大，双眼朝前，听觉极其敏锐，喙短而粗壮，前端成钩状，喙基蜡膜为硬须掩盖，头部周围的硬羽往往排列形成面盘，有助于汇聚声音和定位，某些种类头顶还具有耳状簇羽。它们的头部与猫极其相似，因此俗称猫头鹰。它们翅的外形不一，飞行时安静无声，一般在树洞或岩隙中营巢。

羽　毛

羽毛是鸟类表皮细胞衍生出的角质化产物，可能由远古爬行动物的鳞片演化而来，是现生动物中鸟类所特有的结构（在远古时代，有的恐龙也有）。鸟类的体羽密布全身且数以千计，即使是雀形目的小鸟，全身羽数也超过2000枚，但其重量却微乎其微。一些鸟类的全身羽毛重量仅相当于其体重的6%左右，轻而坚韧，更利于飞行。

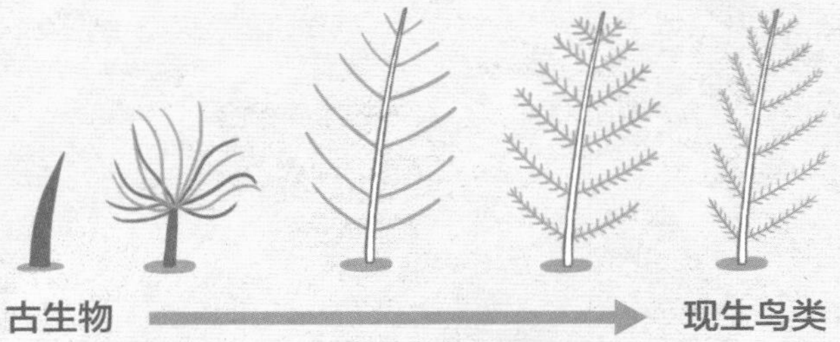

羽毛的演化模式

多彩的鸟类羽毛

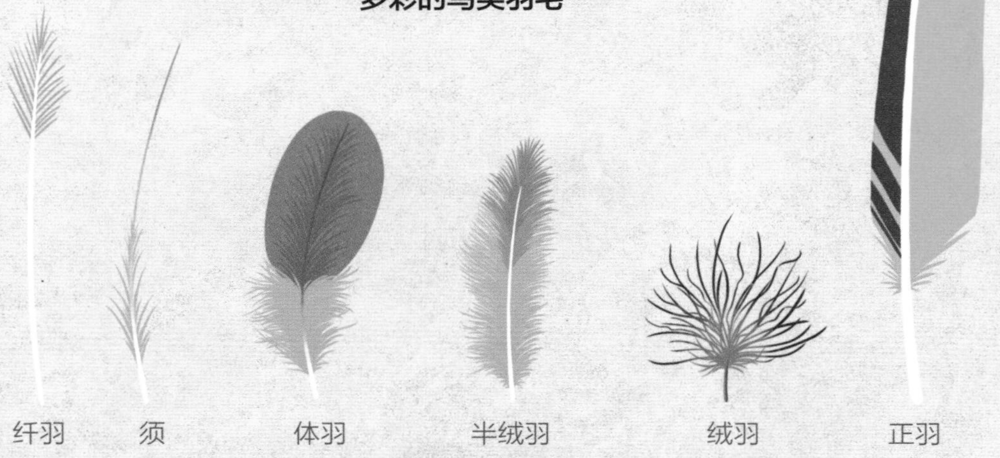

不同类型的羽毛

◆ **体羽**

体羽的功能是保温，并让鸟类拥有流线型“身材”。

◆ **飞羽**

鸟类翅膀后缘着生的一列强大而坚韧的羽毛就是飞羽。飞羽均牢固地“锚定”在骨骼后缘，在鸟类扇翅时可作为一个整体挥动，拍击空气。飞羽的数目和形态是鸟类分类的重要依据。

◆ **覆羽**

鸟类翅膀的背、腹面均有一系列（初级、大、中、小）覆羽呈覆瓦状将飞羽基部掩盖，使翅膀的表面呈流线型，能减小飞翔时的阻力。

◆ **尾羽**

鸟类翅膀尾区着生一列强大的尾羽，左右对称，一般为10枚或12枚，飞翔时起着平衡和舵的作用，并在落栖时辅助刹停。

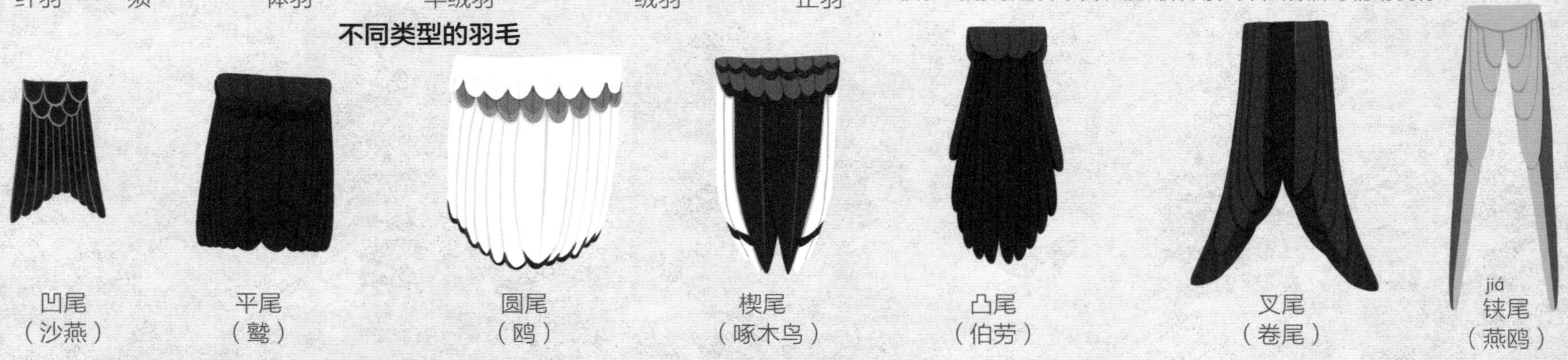

不同的尾型

羽毛分布

❶ 绝大多数鸟类的体羽只着生在体表的一定区城内，称为羽区或羽迹 。

❷ 不生羽毛的部分称为裸区。

❸ 羽毛的这种分布方式利于剧烈的飞翔运动，且不会限制肌肉的收缩。

❹ 在每一个特定的羽区内，羽毛的着生也具有特定的排布，一般是排成一行行的。

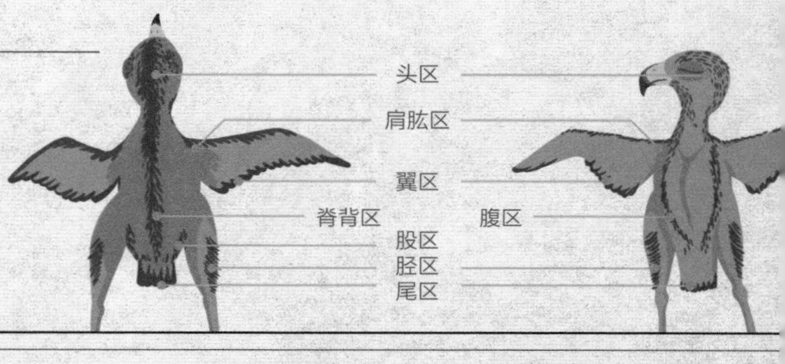

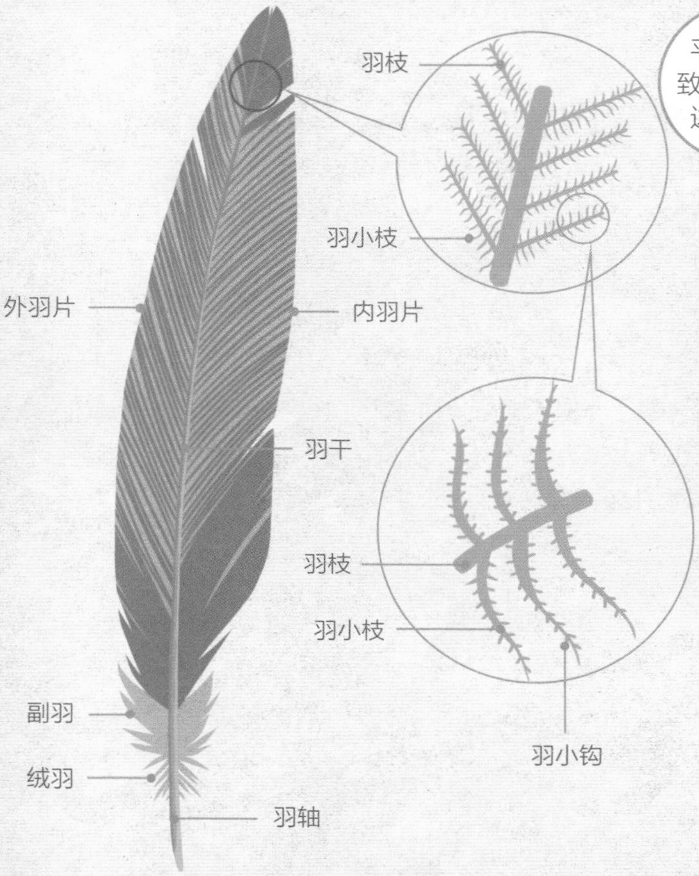

正羽的基本结构

雕的初级飞羽

雕鸮的初级飞羽

猛禽一般单侧拥有10枚初级飞羽和10枚次级飞羽，三级飞羽不等。

隼和鹰

隼形目和鹰形目的飞羽结构致密，羽小枝上的羽小钩勾连紧密。

优点　飞行时可以提供强大的动力，飞得很高或很快，可以长时间飞行或快速追击猎物。

缺点　噪声较大。

鸮

许多鸮形目种类的飞羽结构相对松散，羽小枝上没有致密的羽小钩，飞羽边缘有一圈更细软的绒毛状消音结构。

优点　可以起到消音的作用，因此鸮形目飞行时可以做到无声无息。

缺点　无法飞得很高很快，所以鸮形目一般采取蹲守偷袭的捕食方式。

猛禽不同时期的羽毛变化

以红隼为例，刚出壳的中小型猛禽雏鸟体表长满雏绒羽，能起到保温作用；一周后，正羽开始萌发；两周后，雏绒羽褪去，正羽可以覆盖全身；三周左右，雏绒羽几乎被正羽替代，仅存极少量的雏绒羽；四周左右，正羽长度足够，幼鸟可以离巢。次年春天、性成熟之前为亚成鸟，它们会保持暗淡的羽色，以减少同种成年个体的攻击；一些猛禽成年之后，会换上比亚成鸟更显眼的羽毛，鸮形目猛禽成鸟的羽毛较亚成鸟变化不大。大部分中小型成年之后，每年还会换羽两次，羽色没有变化。大型猛禽的成长周期长，羽毛变化周期和换羽间隔时间也长。

雏鸟（雏绒羽）　1周龄幼鸟（正羽萌发）　2周龄幼鸟（正羽）　3周龄幼鸟（正羽）　亚成鸟（正羽）　成鸟

羽毛保养

羽毛对鸟类而言非常重要，必须经常保持清洁、松软，才能有效地发挥其功能，因此鸟类必须随时清理和修整它的羽毛。

水浴

大多数鸟类都需要水浴，水浴不仅可以冲洗掉脏东西，还可以在夏季降温。

沙浴

鸡形目以及草原、荒漠鸟类多采取此种方式，这有助于赶走体外寄生虫。

蚁浴

利用蚂蚁喷出来的蚁酸清理羽毛和皮肤上的寄生虫，雀形目多采取这种方式，分主动和被动两种。

涂油

以喙啄取尾脂腺分泌的油腺，涂布于体羽及飞羽上。涂油可以增加羽毛的防水性，另外，分泌物中的麦角甾（zāi）醇被太阳晒过之后可以转化为维生素D，无论是经皮肤吸收，还是在整理羽毛时吃到体内都可以帮助鸟类补钙。

羽毛的作用

❶ 可以保护皮肤不受损伤。因为羽毛层层排列的结构像“小盾牌”一样。

❷ 可以起到成为保护色或炫耀的作用。鸟类利用羽色和斑纹来适应复杂的环境，有些鸟靠艳丽的羽色来吸引异性。

❸ 可以调节体温，如散热。在体表形成有效隔热层，是保持高而恒定体温的基本条件。

❹ 完成飞翔的重要结构。由于体羽自前向后呈覆瓦状排列，使鸟轮廓呈流线型，大大减小了飞行时的阻力，大型成列的飞羽和尾羽有着像机翼和船舵一样的作用。

翅　膀

飞行是鸟类极为重要的运动方式（昆虫和蝙蝠也可以动力飞行），在神经系统的控制下，由骨骼、肌肉和羽片所构成的飞行器官——翅膀和尾巴协同完成。鸟类飞行涉及非常复杂的空气动力学原理。鸟的翅膀是一种轻巧的可变翼，它既有机翼那样的飞行表面，又靠翅尖向下、向前扇击而产生推力，并通过不断改变翼的形状（负载面）以及翼与躯体之间的相对位置，从而保证自己可以在各种条件下飞行。鸟类为适应不同的生活方式，演化出多种多样的翼型。

椭圆型翼

在森林及地面生活的鸟类具有这种翼型。翼短而宽，有较高的机动性，能迅速起飞或在密林间穿梭飞行。鸡形目、鸽形目、啄木鸟等攀禽及大多数雀形目鸟类具有这种翼型。

雉鸡

游隼

较狭长型翼

翼较窄而尖，初级飞羽间不具翼缝，适合疾飞，特别是水平飞行时能在空中迅捷地抓持或吞食猎物。如隼类、雨燕以及燕鸥等的翼。

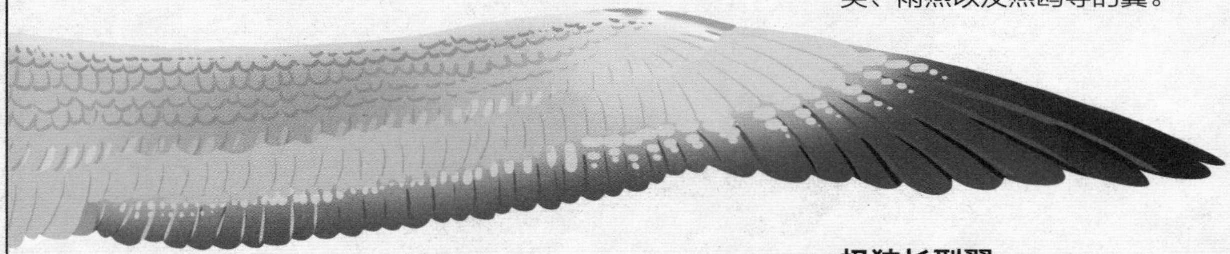

银鸥

极狭长型翼

能在强而稳定的气流中持续滑翔。如信天翁等海鸟的翼。

金雕

长而宽阔型翼

翼长而宽，初级飞羽间有明显的翼缝。适于机动性的翱翔，比如利用小范围的上升气流作往返盘旋。鹫、雕等大型猛禽具有这种翼型。

鸟类如何飞起来？

鸟类飞羽的羽根着生于尺骨和腕掌骨的后缘，因而能连成强韧的平面，且每根飞羽都可以进行小幅度扭转。当鸟类向上扬翅时，气流可以从轻微偏转的飞羽之间的缝隙穿过，不会形成冲力；当鸟类向下扇翅时，飞羽紧密排列，形成有效的受力面，产生升力和推力。当升力大于体重，推力超过空气阻力时，鸟就可以向上、向前飞起。

翅膀与飞行

鸟类飞行时基本上是鼓翼、滑翔和翱翔三种方式交替使用，因翼的结构和生活方式的不同，鸟类常以第一、二种方式为主。其中，大型鸟类一般具有较好的翱翔能力。

一般说来，飞行是比奔跑更节约能量的运动方式，例如一只体重10克的鸟飞行1千米，其所消耗的能量尚不足同等体重的老鼠奔跑同等距离所耗能量的1%。

鸟类在飞行时身体产生热量，导致体温升高。飞行时的气流可增大体温的散失，这主要是通过裸露的皮肤实现的。

鸟类在长距离迁徙时所需的能量主要靠消耗体内积蓄的脂肪来实现，因此必须有足够的脂肪存积才能实现长距离迁徙。

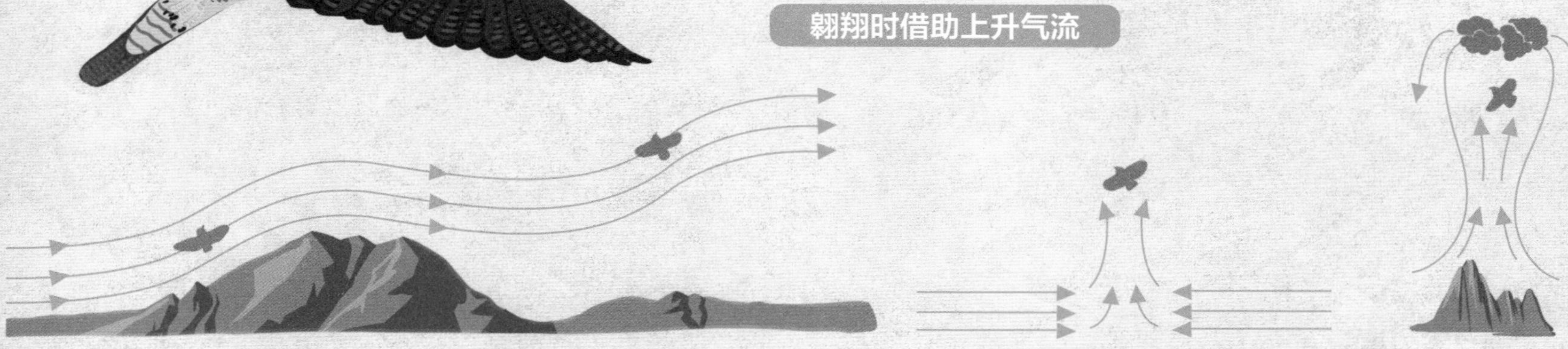

兀鹫

游隼

苍鹰

猛禽的翼型

不同的猛禽为了适应不同的生境，演化出的翅型也不一样。兀鹫擅长利用高山气流进行长时间的翱翔，它们的翅膀长而宽，看起来就像是一条飞翔在天空中的大浴巾。隼类擅长在高速飞行中迅速变换方向和俯冲捕猎，镰刀状的翅膀可以让它们在空中的动作更加灵活迅猛。苍鹰等栖息在森林中的鹰类翅膀短圆，尾羽通常较长，适宜在高速飞行过程中躲避树枝等密集的障碍物。

腿和脚

朝后的“膝盖”？

很多人以为鸟的膝盖是朝后弯的，其实这个部位不是鸟类的膝盖，而是它们的跗间关节，也就是踝关节。鸟类的膝盖也是朝前弯的，只不过平时被腹部的羽毛覆盖，不容易看到，事实上所有鸟类最常见的姿势都是蹲着的。

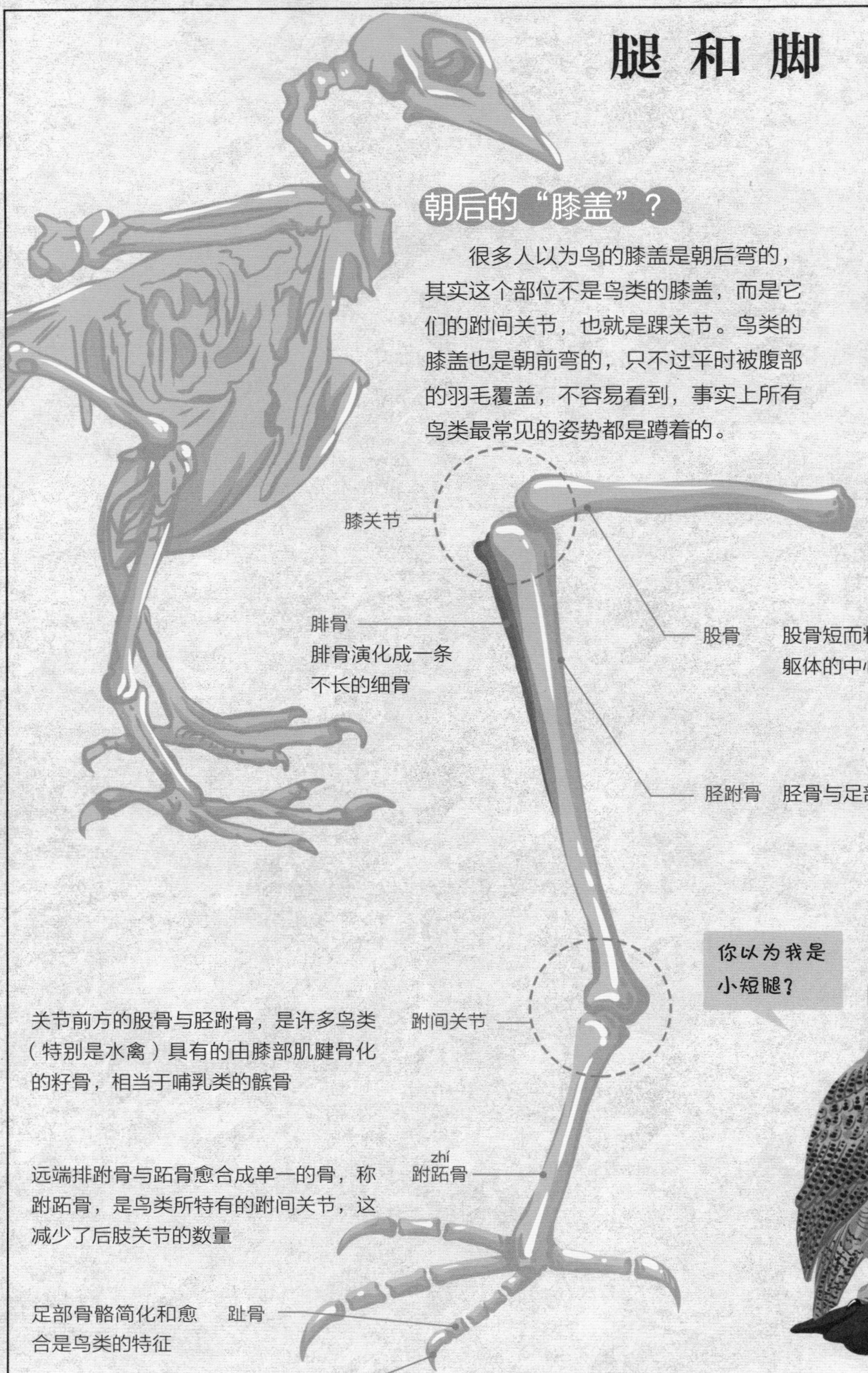

膝关节
腓骨
腓骨演化成一条不长的细骨
股骨
股骨短而粗壮，在鸟类栖止时接近水平状态，这样可以使脚更接近躯体的中心
胫跗骨
胫骨与足部的近端排跗骨相愈合为胫跗骨
跗间关节
关节前方的股骨与胫跗骨，是许多鸟类（特别是水禽）具有的由膝部肌腱骨化的籽骨，相当于哺乳类的髌骨
zhí
跗跖骨
远端排跗骨与跖骨愈合成单一的骨，称跗跖骨，是鸟类所特有的跗间关节，这减少了后肢关节的数量
趾骨
足部骨骼简化和愈合是鸟类的特征
爪
带指甲的脚趾末端

“披”着羽毛的我像是站着的。
羽毛下的我其实是蹲着的。

你以为我是小短腿？
其实我是大长腿！

我是红隼，我穿了“毛裤”！
那算什么？我们大鵟的“毛裤”更长！
你们的毛裤都不行，我们金雕的“拖地毛裤”才最保暖。
切！我们乌林鸮都穿“连脚毛裤”，包裹得最严实。

研究结果表明，不同种类的猛禽在捕获不同猎物的过程中，逐渐演化出形态、大小各异的腿和趾。鹰科猛禽拥有粗大的脚趾，可以控制、肢解猎物，隼形目猛禽则更依赖于它们的喙来扯断猎物的脖子，鹗科猛禽演化出高度下弯的爪和可以转动的第4趾来捕捉水中的鱼类，鸮形目猛禽针对小型猎物演化出又长又弯的利爪来增加握力。

人们通常认为猛禽主要使用锋利的爪子来杀死猎物，实际上大部分的猛禽在利用爪子对猎物发起最初一击时，并不会杀死猎物，而是抓住猎物的头部和躯干，这样可以避免猎物的反击，同时也可以防止猎物挣扎和逃跑。其中以雀鹰为代表的猛禽也会使用爪子刺穿猎物内脏来加速其死亡，但并不常见。

鸟趾

鸟趾的数量和排列是鸟类分类的重要依据。

鸟类大多为4趾，第5趾退化，拇趾朝后，以方便栖树握枝。不同的鸟类为了适应不同的生境演化出不同的生理结构，脚趾的形态和结构也不一样。

正常足

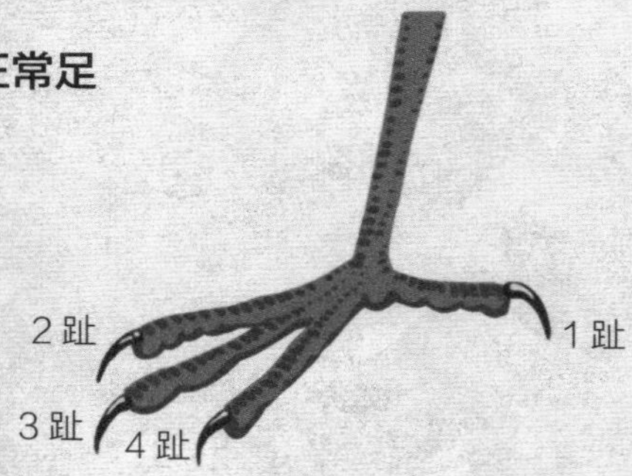

大多数鸟类后肢为4趾类型，一般拇趾（第1趾）向后，第2、3、4趾向前，称为正常足。

异趾足

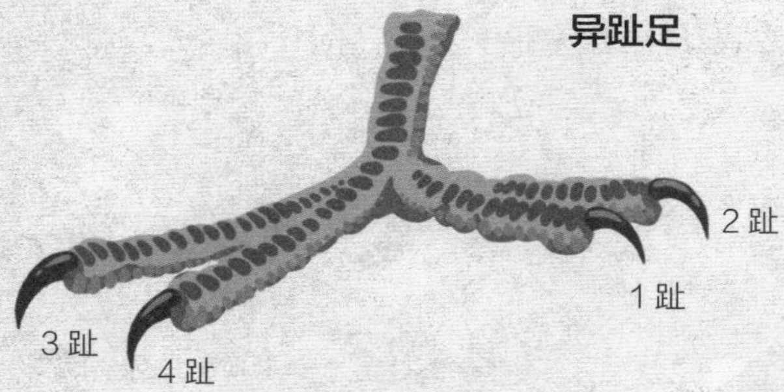

咬鹃第3、4趾向前，第1、2趾向后，称为异趾足。

对趾足

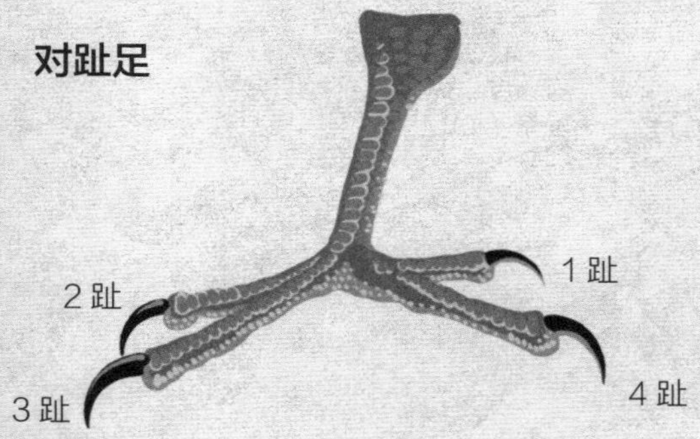

啄木鸟和鹦鹉等鸟类第2、3趾向前，第1、4趾向后，称为对趾足。

并趾足

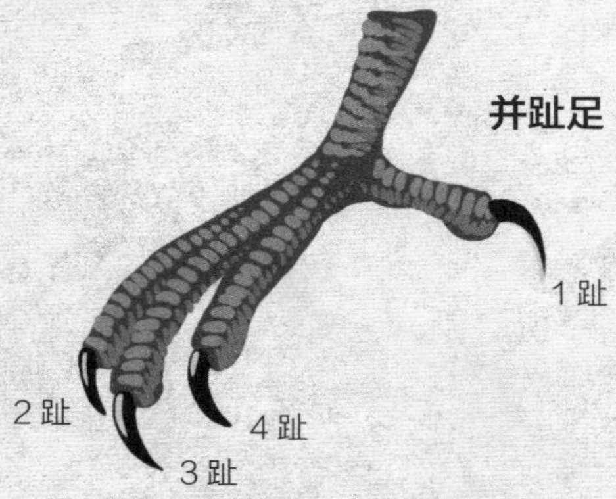

翠鸟、犀鸟等鸟类向前的3趾基部有合并现象，称为并趾足。

半对趾足

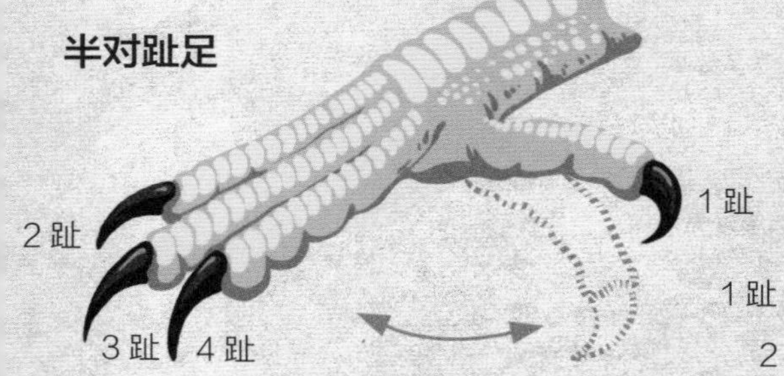

鹗和猫头鹰的第4趾可以向后扭转，这样第4趾和第1趾向后与第2、3趾相对，称为半对趾足。

前趾足

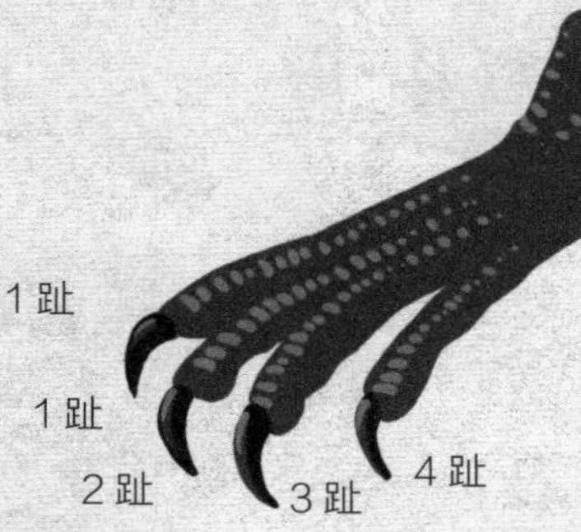

雨燕的4趾均向前，称为前趾足。

鸡（陆禽）　喜鹊（鸣禽）　游隼（猛禽）

爪是鸟类足趾端部的角质结构，由上、下爪片构成，下爪片的角质较软。鸟爪在结构上与爬行类的爪十分相似，但由于生活方式的不同，鸟爪在形态上也各有不同。

猛禽拥有锐利的钩爪，以此来抓捕、撕开猎物；在地面行走、挖土觅食的陆禽有着钝而有力的爪；鸣禽爪不那么锐利。以草鸮科和鹭科为代表的鸟类中趾爪内侧都具有梳状齿，主要用来梳理羽毛。

猛禽的脚

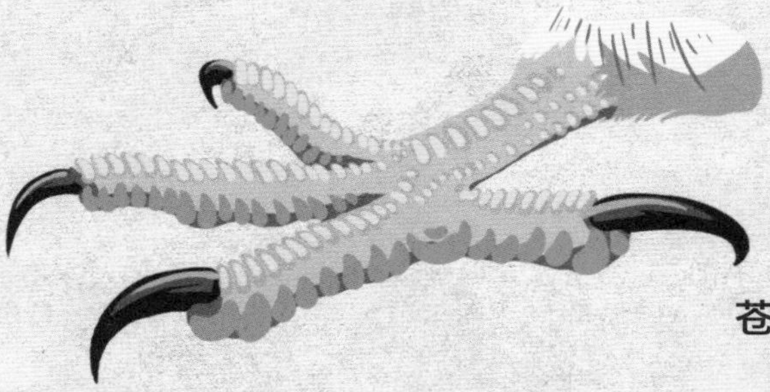

苍鹰

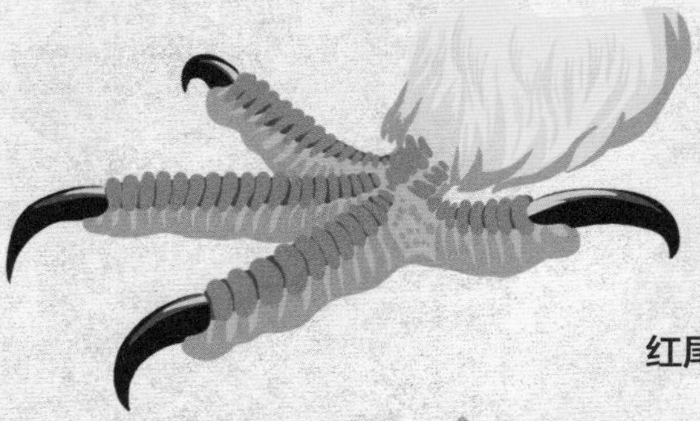

红尾鵟

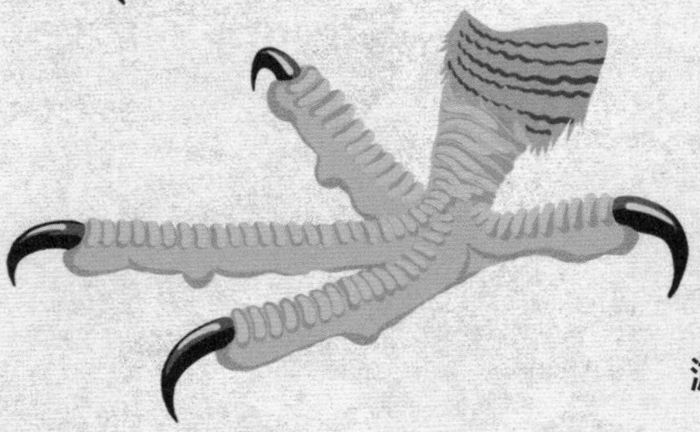

游隼

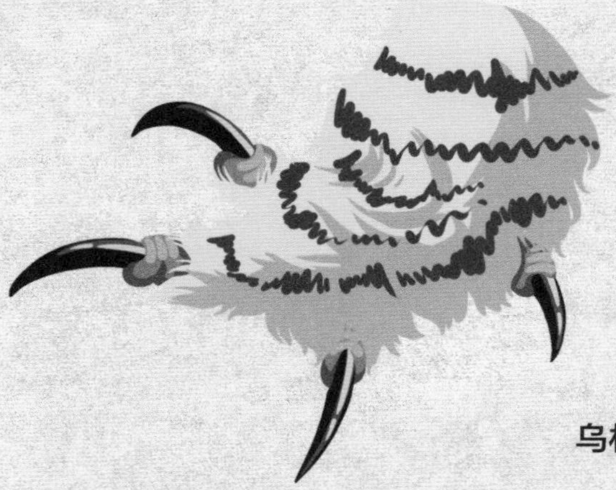

乌林鸮

鹗

喙

喙由鸟类上下颌骨和套有硬角质鞘的鼻骨构成，是鸟类取食、撕裂或叨碎食物的器官，起着哺乳类的唇和齿的作用。鸟类的喙因取食方式的不同，在形态上也存在着巨大的差异。例如食肉猛禽的喙尖锐而钩曲，适合撕碎猎物。

隼的喙

隼的喙有一个特殊的结构，就是上喙的下缘处凸起的尖锐“喙齿”，同时下喙的上缘一般长有对应的凹槽可以与之咬合。

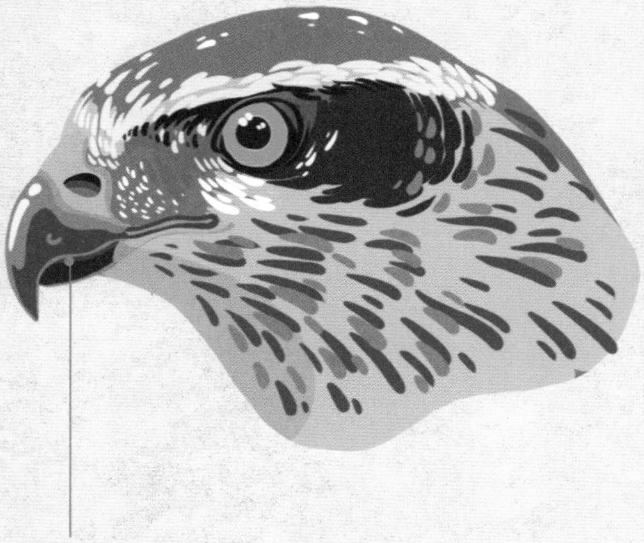

鹰的喙

大多数鹰的喙没有任何凸出部分，而少数鹰虽然在上喙下缘演化出了较小的凸起，但下喙没有对称的凹槽，无法和隼相提并论。

鸮的喙

鸮形目的鼻须比较茂盛，往往会盖住鼻孔。个别种类的鸮的蜡膜是突起的。

口咽腔

由于缺少软腭，口腔后面和咽之间没有明显的分界，这部分共同的腔称口咽腔，口腔与咽腔的界限大约位于内鼻孔开口与咽鼓管孔之间。

鼻咽腔

鼻咽腔是气体进入气管前的通道，可以使吸入的空气得到净化，并在一定程度上变得温暖和湿润，同时完成气味的化学感知（嗅觉作用）。

鸟类有牙齿吗？

现生鸟类都没有牙齿，不过许多鸟类的雏鸟在破壳之前，其上喙顶端会存在一个向上突出的角质结构，称为卵齿，其作用是在出壳时破壳，一般会在孵出之后的1～2天内脱落消失。

猛禽不张嘴能发出声音吗？

能，猛禽依赖气管上的鸣管发声，不仅闭着嘴可以发声，而且无论呼气还是吸气，都可以发出声音。

喙尖断了还能再长吗？

如果仅仅是角质部分发生断裂，可以重新长好；但如果骨质部分损伤过重，就不能再长了。

猛禽的嘴能张开多大？

一般可以张开90°～120°。

猛禽的钩状喙有什么用？

可以撕裂食物。

猛禽的舌头有什么用？

辅助进食。

蜡膜是什么？

蜡膜是覆盖在部分鸟类鼻孔周围的一块柔软的皮肤，是一种感觉器官，上面分布着丰富的触觉小体。

这是鼻屎吗？（隼）

鼻孔里的骨质突起不是鼻屎，它帮助猛禽在高速飞行时保持呼吸通畅。

多样的鸟喙和捕食方式

白胸翡翠（空中渔夫）

会从数米高的空中潜入水面，依靠长矛一样的喙抓住光滑的鱼类。

红交嘴雀（爱吃松子）

以松柏科植物的种子为食，它们的喙有长长弯弯的尖儿，且相互交错着。

灰头灰雀（爱吃种子）

喙的形状呈三角形，能够轻易啄破谷物的外壳。

大斑啄木鸟（树木医生）

它们长而尖细的喙每秒钟可以凿击树干20次以上，最终可凿出一个能看到虫子的洞。

大嘴乌鸦（多面手）

可以用弯曲的上喙和平坦的下喙食用多种类型的食物。

巨嘴鸟（吃水果的鸟）

吃大型水果的鸟通常有更大的喙，这样的喙可以切开水果的外壳，衔住大块的果实。

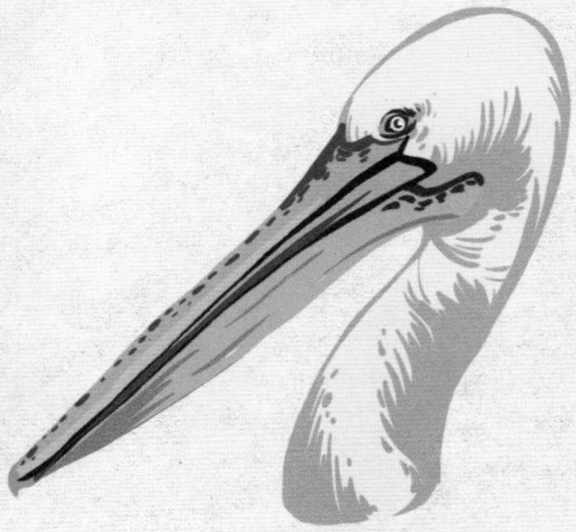

卷羽鹈鹕（捕鱼的抄网）

上喙长而直，下喙连接着褶皱的皮肤，便于捕捞鱼类。

反嘴鹬（镰刀形的喙）

反嘴鹬用又长又细、向上翘的喙在水中来回扫动着捕捉猎物。

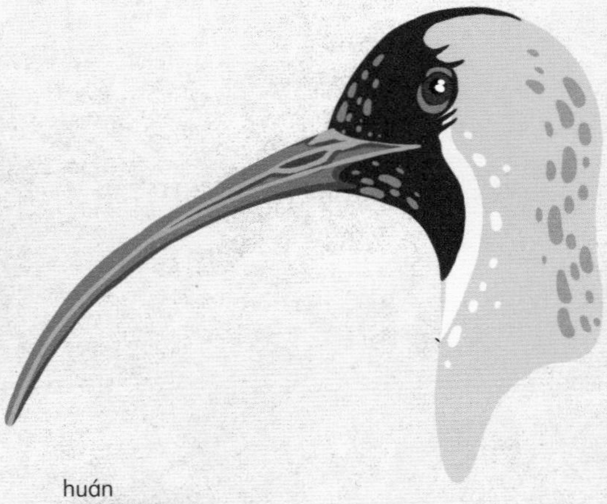

鹮(huán)嘴鹬（深入探索）

它们像探针一样的喙又长又细，呈下弯曲状。它们把喙伸进泥里或者在松软的地面上觅食。

鸿雁（水草爱好者）

凭借铲子一样扁平的喙挑起水草等食物，喙的两侧边缘具有梳状栉(zhì)板突起，可以从水中过滤食物。

勺嘴鹬（爱吃无脊椎动物）

喙很扁，末端宽大像小勺子，喜欢用喙在浅水区的泥里来回扫动觅食。

红鹳(guàn)（过滤食物的喙）

喙向下弯曲，下半部分可以过滤出水中的小甲壳类动物。

眼、耳、鼻

眼

眼是鸟类极为重要的感觉器官，它可以帮助鸟类在飞翔中定向、定位。鸟类觅食、防御、求偶、辨识亲子关系等行为也主要依赖视觉。

鸟类的“眼头比”在脊椎动物中排名第一，一般占其颅腔的50%甚至更多，而人类的眼睛所占的比例却低于5%。

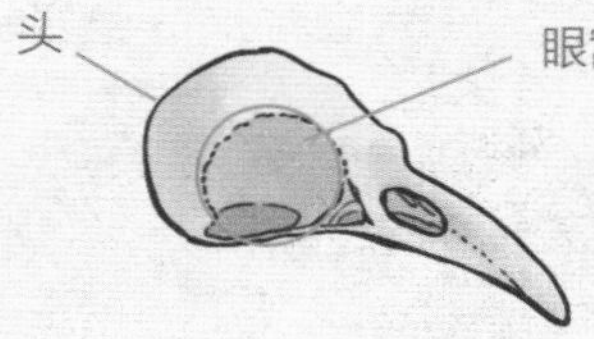

鸟类头骨示意图

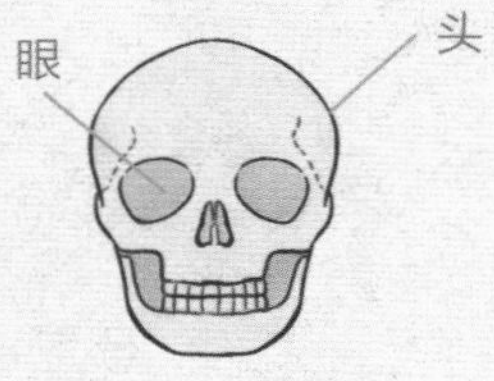

人类头骨示意图

猎隼头部示意图

大多数鸟类的眼球扁平或近球形，隼形目和鸮形目猛禽的眼球接近筒状。

鸟类的眼球具有强大的调节角膜曲率的特有能力，可以快速从远视状态切换到近视状态，瞬间对视力进行精确调节，保证它们在高速飞翔时能够迅速捕捉到猎物。

眼睛的构造

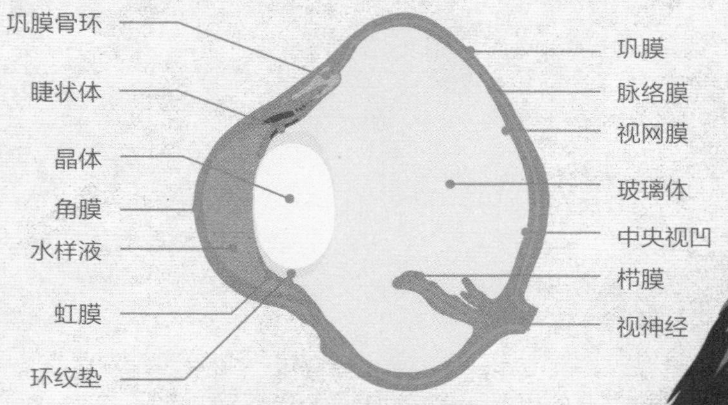

鸟类眼睛切面图

鸟类拥有一块可以覆盖整个眼球的瞬膜，飞翔时可以覆盖在角膜之外，既能够避免强大气流对眼球产生刺激，也能够起到滋润和清洁角膜的作用。绝大多数鸟类的瞬膜是半透明的，而鸦科的瞬膜是白色的。

视野与视凹

大多数鸟类的双眼分别长在头部的两侧，使它们拥有非常开阔的视野，可以看到身后、两侧及头顶上的物体。

当向正前方探望时，两眼的视野会重叠起来合成一个影像，这种“双眼视物”可以对目标有更好的立体感知和距离判断。

大多数鸟类和哺乳动物一样，在视网膜底部各有1个中央视凹，视凹区域的视锥细胞及神经成分特别多，感觉最为敏锐，而隼形目、鹰形目、翠鸟、蜂鸟等飞行迅捷的鸟类还额外具有颞（niè）视凹，可以在飞翔捕猎过程中精准地判断距离和相对速度。

鸟类视野范围图

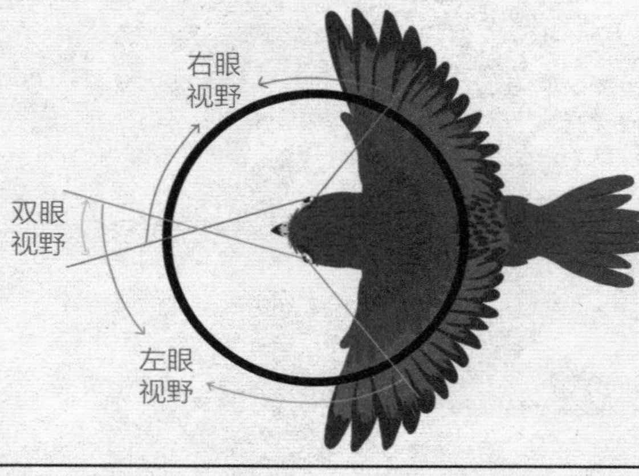

鹰眼视凹图

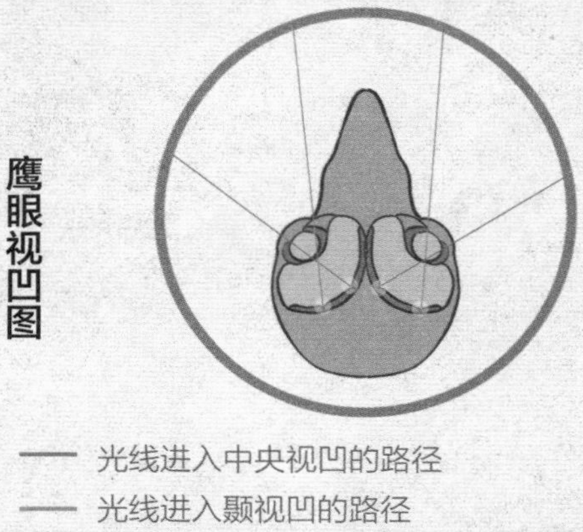

耳

鸟类的耳是平衡和听觉器官，主要由外耳、中耳和内耳构成。外耳收集声波，中耳传导、放大声波，内耳负责感知声音和维持身体平衡。

鸟类的外耳和哺乳动物不一样，没有耳郭和具有保护功能的外耳道骨骼。

鼓膜是外耳和中耳的交界，鼓膜连接着耳柱骨，当声波使鼓膜震动时，可以通过耳柱骨传导进内耳。

中耳内腔叫鼓室，通过耳咽管连接着咽部，主要负责维持中耳和外界气压的平衡。

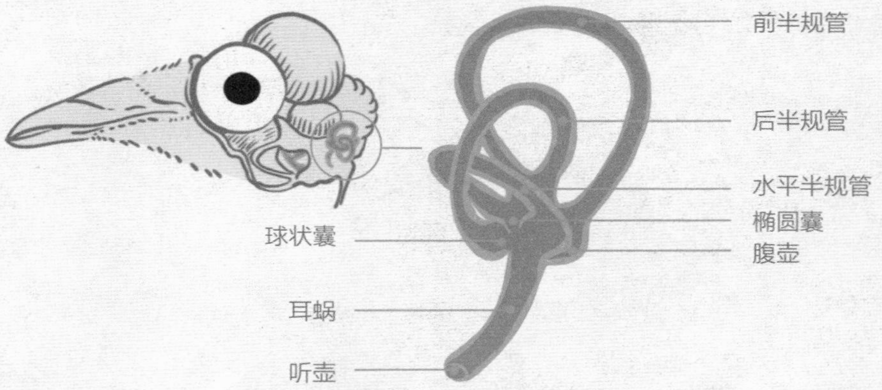

鸟类听觉器官示意图

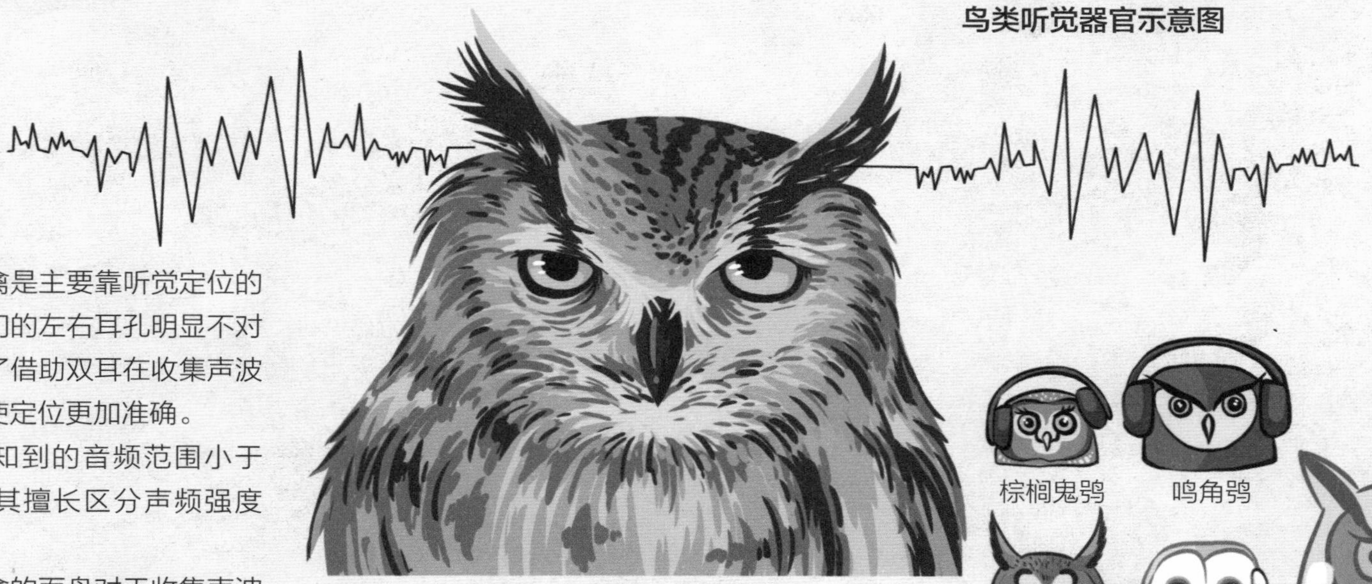

鸮形目猛禽是主要靠听觉定位的夜行鸟类，它们的左右耳孔明显不对称，主要是为了借助双耳在收集声波时的微小差异使定位更加准确。

鸟类能感知到的音频范围小于哺乳类，但极其擅长区分声频强度和频率。

鸮形目猛禽的面盘对于收集声波和确定方向有着重要的作用，有人曾用去掉面盘羽毛的鸮做相关实验，结果它在黑暗中寻找目标时确实会出现误差。

部分鸮形目的双耳位置

鼻

鼻是鸟类的呼吸器官和嗅觉器官，可以在一定程度上起到净化、湿润空气的作用，并完成气味的感知。鸟类的鼻孔大多位于上喙基部，一般由硬须、鼻翼或鼻盖加以掩蔽，以此来防止异物进入。蜡膜是猛禽特有的结构。

猛禽鼻周示意图

红头美洲鹫

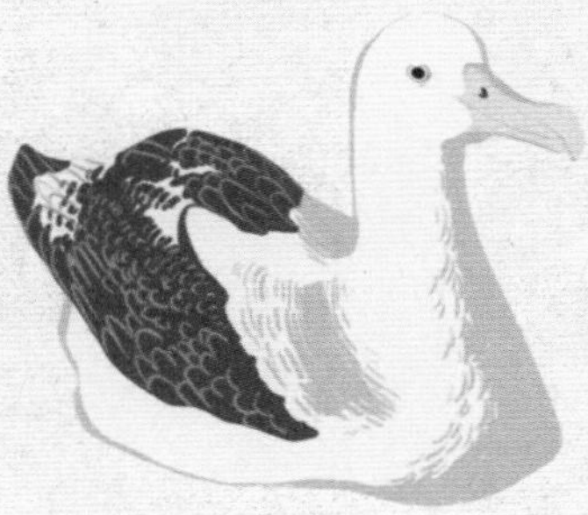

鹱（hù）科
（鹱形目）

已知除了美洲鹫、几维鸟和鹱形目部分种类，大部分鸟类的嗅觉似乎并不太灵敏。

几维鸟

几维鸟的鼻孔位于喙端，内鼻孔很大，鼻腔内大部分区域都覆盖着嗅上皮，可以轻易嗅出地下是否存在昆虫和蠕虫。

信天翁

信天翁等鹱形目鸟类生活在海洋环境当中，靠灵敏的嗅觉来觅食。

日夜寒暑

留鸟

留鸟是指那些常年居住在出生地，没有迁徙行为的鸟类。大部分留鸟甚至终生都不会离开自己的出生地。有些留鸟则会进行不定向和短距离迁移，例如乌鸦在夏季一般栖息在郊区或山区，在入冬后则会向城市中心区域聚集。

天气变冷了，咱们是不是该换地了？
是哦，那进城吧！

候鸟

候鸟是指那些具有迁徙行为的鸟类，它们一般会在每年春秋两季沿着较为固定的路线往返于繁殖地和越冬地。

夏候鸟

以北半球为例，春夏季飞到北方繁殖，深秋迁往南方温暖地带越冬，对繁殖地来说，这类鸟被称为夏候鸟。

冬候鸟

以北半球为例，冬季在南方避寒越冬，次年春季飞往北方繁殖，对越冬地来说，这类鸟被称为冬候鸟。

旅鸟

候鸟在往返于越冬地和繁殖地时，对于途中经过或短暂停留的地区来说，这类鸟被称为旅鸟。

漂鸟

留鸟中有些会成为漂鸟，它们常因气候和食物的关系在不同生境之间做无规律的移动，比如喜鹊。

迷鸟

除了留鸟和候鸟，还有一些鸟类原本分布在很远的区域，偶尔有少数个体因为迷失方向等原因来到某个地区，这些鸟类可能好几年才会被发现一次。

???
我好像走错路了？这里是哪啊？

候鸟为什么迁徙?

天气好冷啊，咱们去暖和的地方吧，等生孩子的时候再回来！

咱们该有个宝宝了吧~
故乡天气也暖和了，咱们回故乡生吧！

迁徙是鸟类为了适应外界条件和季节变化的一种本能。以北半球为例，每当秋季来临，繁殖地气温下降、日照缩短、食物短缺，不利于鸟类生存时，它们就会飞到气候温暖、食物丰富的南方避寒越冬。

但越冬地的领地、食物竞争激烈，被天敌捕食的风险较大，不适合营巢和育雏，因此它们会在第二年春天重新返回故乡繁殖，以此来兼取两地的好处。

同一种鸟类可能会在不同地区，甚至同一地区中表现出不同的居留类型。例如在北京地区，大部分长耳鸮属于冬候鸟，小部分长耳鸮属于旅鸟，还有极少部分的长耳鸮属于夏候鸟。又如雀形目鸟类黑卷尾在中国南部的海南岛、云南等地为留鸟，在长江流域和华北地区则为夏候鸟，而在欧洲则为迷鸟。在日本北海道繁殖的丹顶鹤原本是夏候鸟，后来在当地人每年冬季定期投喂下，它们获得了稳定的食物来源，这就导致部分丹顶鹤失去了迁徙的本能，成为当地的留鸟。

夜行猛禽

夜行性猛禽是指适应在夜晚、凌晨或黄昏等弱光环境下进行捕食活动，白天不太爱活动的猛禽。

大部分的鸮形目猛禽属于夜行性猛禽，包括草鸮科和鸱鸮科等种类，如栗鸮、草鸮、鸺鹠、角鸮、雕鸮、渔鸮、雪鸮、猛鸮、鹰鸮、林鸮、小鸮、耳鸮、鬼鸮等。

视觉系统

鸮形目猛禽的眼球拥有更大曲率的角膜和晶状体，巨大瞳孔能够进入更多的光线，视网膜上感受微光的视杆细胞远多于视锥细胞，它们感受微光的能力相当于昼行性猛禽的25倍，可以帮助它们在漆黑的夜里看清猎物。

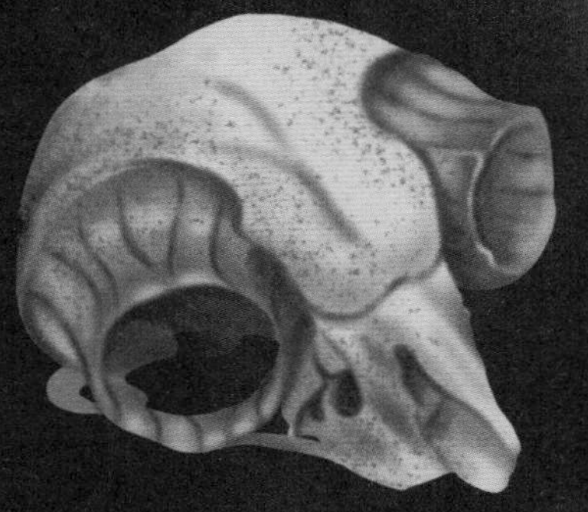

听觉系统

鸮形目猛禽的左右耳孔呈不对称分布，通过双耳收集声波时的微小差异来实现准确的定位。

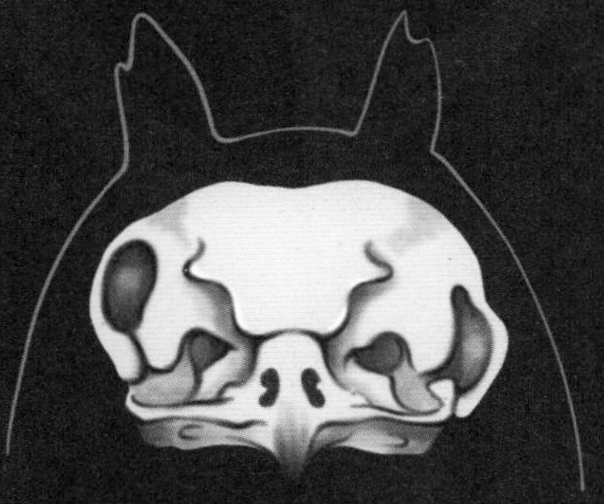

羽毛结构

夜行性鸮类的羽毛非常柔软，飞羽边缘长着栉状的小枝，这些羽毛的特殊结构可以帮助猫头鹰在飞行时避免空气扰动产生声音，达到“无声飞行”的效果。

鸮形目猛禽在掌握了以上这些“独门绝技”之后，不仅可以在夜间轻易发现猎物的行踪，还能够悄无声息地向猎物发起突然袭击，是名副其实的“暗夜精灵”。

昼行猛禽

昼行性猛禽是指适应在白天强光环境下进行捕食活动，晚上休息的猛禽。

隼形目和绝大多数鹰形目猛禽属于昼行性猛禽，如鹗、鹰、鸢、鹞、鵟、雕、鹫、隼等。

视觉系统

昼行性猛禽的视网膜动态视觉强大，具有2个中央视凹，极大地扩展了它们的视野范围，这可以使它们在空中、树顶等视野开阔的位置发现猎物。

它们扇动双翼，可以从高处急速俯冲下来，匕首般锋利的爪可以轻松刺透猎物的皮毛，让猎物瞬间失去反抗的能力。

求爱育儿

一夫一妻的配偶关系

大部分猛禽在繁殖期保持较稳定的一夫一妻的配偶关系。

一雌多雄或一雄多雌

约10%的鸟类属于一雌多雄或一雄多雌的配偶关系。

鸣唱表达

有一些鸟类发出嘹亮悠远的鸣唱声音进行求偶，例如有些猫头鹰。

终于成年了，我这漂亮的白尾巴。

体色显示

有一些鸟会通过艳丽的羽色和特殊的姿态来求偶炫耀，例如孔雀和极乐鸟。猛禽为了更好地隐蔽自己，羽色比较暗淡，因此一般不会使用这种方法求偶，但一些雄性猛禽会通过改变羽色的方式来表达自己已经成年。

技巧展示

还有一些鸟类会在繁殖期，特意做出高难度的飞行动作来彰显自己的飞行和捕食能力，以吸引异性的青睐，例如凤头鹰、海雕等鸟类还有特殊的婚飞行为。

筑巢求偶

缎蓝园丁鸟具有高超的建筑艺术才能，擅长运用蓝色的花朵、羽毛、瓶盖、彩色玻璃球等零碎物品来装饰巢穴，以此吸引雌鸟进行交配。但这只是一个仪式现场，真正的“产房”还得雌鸟自己搭。

亲爱的，我带礼物来了，你愿意收下吗？

求偶喂食

求偶喂食是一种鸟类的先天性行为，雄性猛禽会将捕猎到的食物传递给雌鸟。

离开我的地盘！

领域性变强

进入繁殖期的鸟类，领域性会变得很强，在一定范围内不允许出现同种同性。

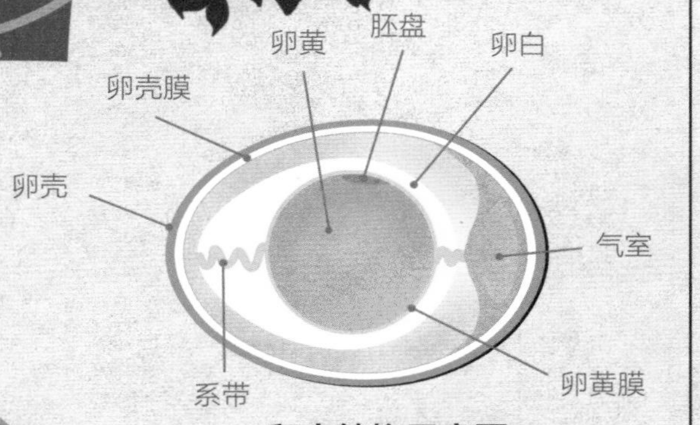

卵内结构示意图

◆ **卵壳**
起保护作用，较坚硬，带小孔，便于空气流通

◆ **卵壳膜**
双层薄膜有保护作用

◆ **卵黄**
为胚胎发育提供营养物质

◆ **胚盘**
含有细胞核，受精后发育成胚胎

◆ **卵白**
保护胚盘并提供营养

◆ **气室**
储存空气，为胚胎发育提供氧气

◆ **卵黄膜**
起保护作用

◆ **系带**
固定卵黄

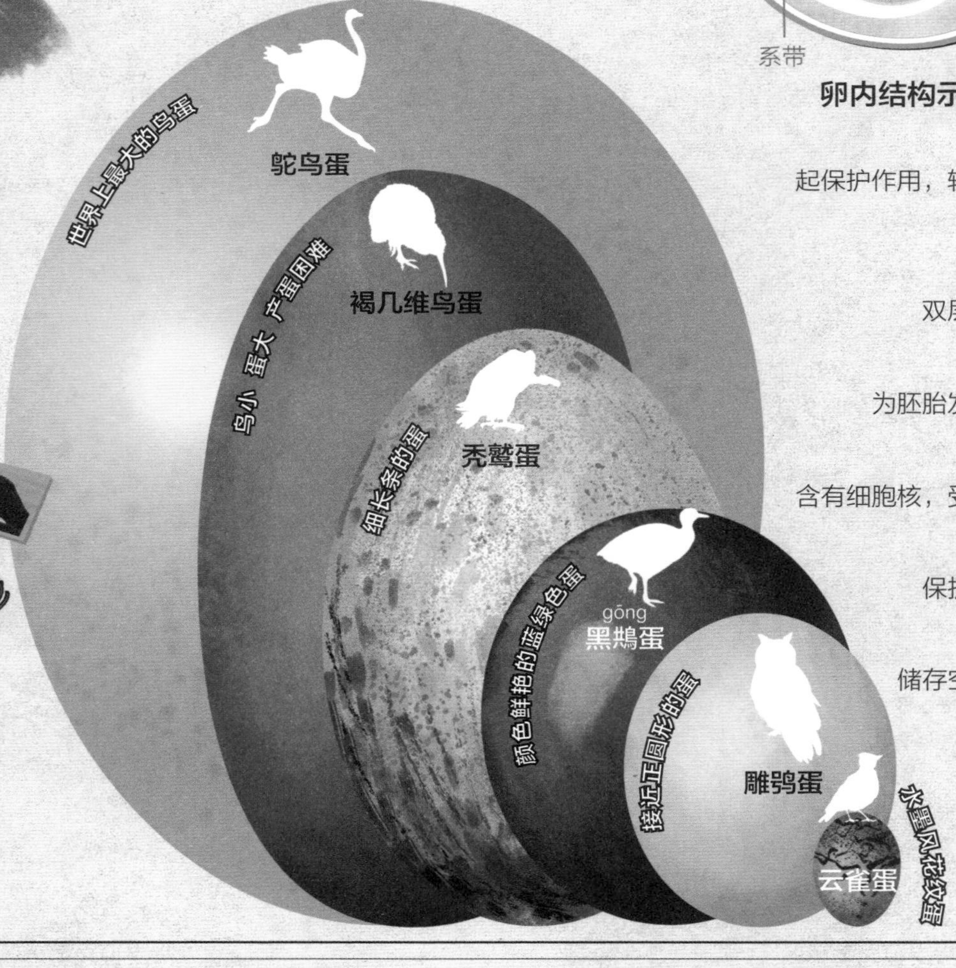

悬崖上的巢

大多数猛禽经常会利用悬崖峭壁作为适宜的巢址，其中以雕鸮和雕居多。

地上的巢

一些猛禽偏爱在地面上营巢，以草鸮科猛禽居多。

树上的巢

鹰类猛禽一般会自己搭窝，中小型鸮类则利用天然树洞作为巢穴。

抢来的巢

一些猛禽有抢占其他鸟类巢穴的习惯，有时会抢占喜鹊、乌鸦等鸟类的现成巢穴。

随地大小便的“艺术”

为什么我总是在“拉稀”？

那是因为我们鸟类都属于单泄殖腔动物，根本没有专门的排尿器官，大小便经常同时排出。

我们也不会放屁，因为鸟类的消化系统不具备这种功能。

我缺少一个器官？

我们鸟类体内没有膀胱，括约肌也相对松弛，因此无法储存大小便，就容易大小便“失禁”。

排便方式

由于鸟类在排泄时是屎尿一起排的，黑色的部分才是严格意义上的鸟粪，白色的是干了的鸟尿。

膀胱对哺乳动物的作用

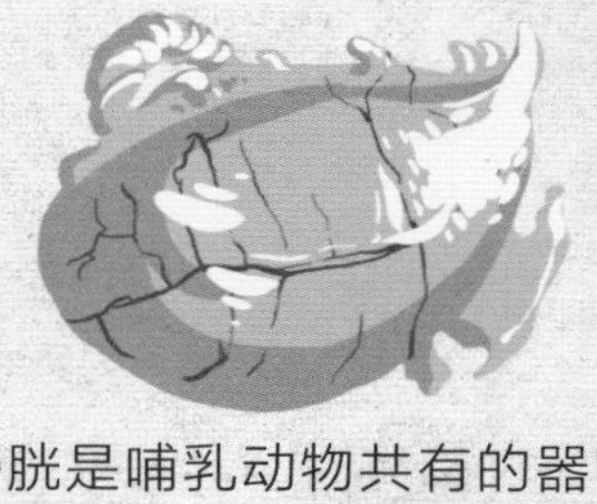

膀胱是哺乳动物共有的器官，它是一个由肌肉包裹的囊状器官，主要用来储存尿液。

通过膀胱排尿可以帮助哺乳动物定时定点地排泄，然后迅速离开排泄地，避免天敌根据尿液的气味锁定自己。

通过膀胱排尿还可以帮助哺乳动物标记领地，以确定它们狩猎的边界。

鸟类食丸的形成

1 这是食丸，不是粪便。

2 由于我们鸟类没有牙齿，不会咀嚼，加上对营养多样性的需求较高，我们进食时，会将猎物的骨骼和皮毛一起吃掉。

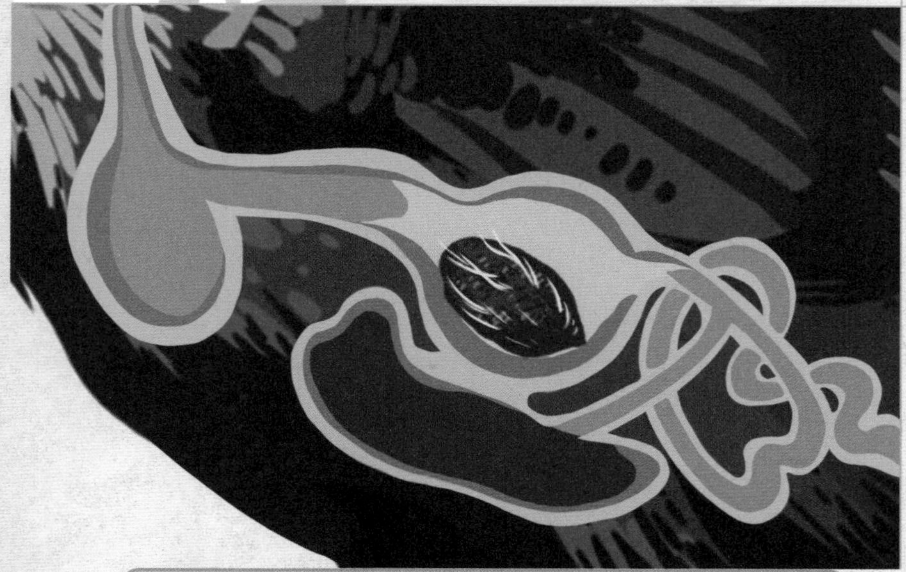

3 一部分未消化的动物骨骼及毛发会在我的胃里形成一个团，这就是食丸，也叫唾余。

4 每隔一段时间，我们就会将一个食丸吐出来。

食丸与粪便的作用

康复师通过检验食丸和粪便来判断猛禽的健康状况，如是否有严重的寄生虫感染，猛禽每次只吐出一个食丸。

猛禽的消化系统

猛禽排泄物示意图

好累啊！
我快没力气了！
看我的！
直接拉就完事了！
等一下，
我先上个厕所！
什么叫“憋尿”？

如果我们体内有暂存尿液的膀胱，反而会增加体重，不利于飞行。

大多数鸟类在起飞之前和飞行时都会进行排泄，以此减轻自身的体重。

我们蝙蝠作为哺乳动物，需要经常飞行，我们的膀胱几乎丧失了憋尿的功能。

鸮式套娃

鸮，俗称猫头鹰，古时又叫鸱、鸱鸺（chī xiū）、逐魂鸟、猫王鸟等。

鸮绝大多数习惯在黄昏或夜间活动，民间又称其为夜猫子。鸮的喙和爪都弯曲呈钩状，很锐利，嘴基具蜡膜。两眼生在前方，面部羽毛成放射状，形成面盘。全身羽毛大多为褐色，散缀细斑，稠密而松软，飞行时无声。主要靠视觉和听觉捕食，以鼠类、鸟类和其他小型动物为食物，绝大部分猫头鹰都是候鸟。

bo-bo-bo
我只有铅笔那么长，个子虽小但我也是猛禽哦！
wen-wen-wen
你可以叫我白面大侠，因为我有“粗壮”的白眼圈。
bo-bo-bo
看我深邃的红眼睛，是不是很特别呢？
wo-wo-wo-wo
满头横纹是不是显得我很凶猛？不仅如此，我的适应能力还很强！
gu-gu-gu-gu
我喜欢单独行动，这跟我腹部的一条一条的纵纹可没关系。
红角鸮
纵纹腹小鸮
北领角鸮
斑头鸺鹠（xiū liú）
日本鹰鸮

中国鸮形目

- 草鸮科
  - 草鸮属：草鸮 仓鸮
  - 栗鸮属：栗鸮
- 鸱鸮科
  - 角鸮属：领角鸮 北领角鸮 红角鸮 黄嘴角鸮 西红角鸮 纵纹角鸮 优雅角鸮
  - 雕鸮属：雕鸮 雪鸮 林雕鸮 毛腿雕鸮
  - 渔鸮属：黄腿渔鸮 褐渔鸮
  - 林鸮属：灰林鸮 褐林鸮 长尾林鸮 乌林鸮 四川林鸮
  - 猛鸮属：猛鸮
  - 鸺鹠属：斑头鸺鹠 花头鸺鹠 领鸺鹠
  - 小鸮属：纵纹腹小鸮 横斑腹小鸮
  - 鬼鸮属：鬼鸮
  - 鹰鸮属：日本鹰鸮 鹰鸮
  - 长耳鸮属：长耳鸮 短耳鸮

gu-gu-gu-gu
跟前面那位叫声差
多，但我有两个短
朵，不对！这叫耳
簇，不是耳朵，只
毛而已。
wu-wu-wu
X战士就是我！看到了吗？我面盘上的X就是我的标志。我的耳羽簇比前面那位长了一些，所谓一寸长一寸强，所以我显得个头比它大！
woo-woo
我比他们都贫嘴一些，因为我喜欢叫。我还喜欢白天站着不动，是一动不动那种哦！我们的羽毛不光有灰色，还有褐色的呢。
wu-wu
听力发达的我，有点动静就能立马睁开眼睛观察，你要再靠近，我就飞走啦！我还擅长无声飞行，但是喜欢飞得低一些。
单位：厘米
70
60
50
40
30
20
10
0
耳鸮
长耳鸮
灰林鸮
雕鸮
全世界有
2科 25属 255种
全球广布
鸮
中国2科
12属32种
遍布全国

传奇的鸮

妇好

商朝女统帅

妇好是商王武丁挚爱的妻子，她不仅是中国历史上第一位有据可查的女性军事统帅，更是一位杰出的女政治家。在河南安阳浩如烟海的甲骨碎片中，她的名字被反复提及，出现了200多次。从珍贵的甲骨卜辞中，我们可以窥见她的英勇与智慧。她曾多次受命代商王征集兵员，以军将之姿驰骋沙场，参与并指挥了对土方、巴方、夷方等周边方国和部族的多次重大战役。在与巴方的激战中，她更展现了出色的战略眼光和胆识。她亲自率军在巴方军队的退路上布阵设伏，待武丁率兵自东面击溃巴方军后，将其驱入伏地，予以歼灭。这场战役不仅是中国战争史上最早记载的伏击战，更成为妇好英勇善战、智勇双全的绝佳写照。

妇好与商王武丁并肩南征北战，共同建立了丰功伟业，她的英勇善战使得商朝周边的少数部族不敢轻举妄动，为当时的商王朝带来了极盛时期的辉煌。在妇好去世后，武丁为她倾注了深深的哀思。他命人精心打造了一对鸮尊，让它们永远陪伴在妇好的身侧，守护着她。

在上古时期，中国人认为鸮是勇武、聪慧的象征，它们被视为祥瑞神鸟。商朝人崇拜机警凶猛、夜间战斗力极强、击而必中的鸮，鸮从此被赋予克敌制胜的寓意，甚至一度成为权利和地位的象征。经河南殷墟遗址考古发现，规格较高的墓葬往往会有鸮尊出土。有学者认为，商代青铜器中鸮的形象代表着勇武的战神，其被上天赋予了必胜的神力，因此商王武丁专门为妇好打造了这样一对青铜器，以向世人宣扬妇好一生所立下的赫赫战功，左图的这对鸮尊应该是参考了长耳鸮的造型。

现存最早的鸮形酒器之一青铜鸮尊

3/4 侧视图　　侧视图

雅典娜是希腊神话中的智慧女神和战争女神，也是艺术与手工艺的守护神。据古希腊文献记载，她以端庄秀美的身姿降临人间，自人类诞生之初便守护着这片土地，为人类带来无尽的智慧与力量。她不仅传授了纺织、烹饪、园艺、陶艺等生活技艺，更引领人类步入绘画、音乐、诗歌、舞蹈的艺术殿堂。她以无尽智慧守护着军事、农业、医疗、航海、畜牧等诸多领域，成为各行业的庇护者。更值得称颂的是，她创立了雅典的第一法庭，成为象征正义与秩序的坚定力量。雅典娜的名字，已然成为智慧与美的永恒象征。

古希腊诗人荷马曾在史诗《伊利亚特》中称雅典娜长着“猫头鹰的眼睛”。在古希腊瓶画文物上，也曾出现过许多雅典娜与猫头鹰同框的形象。其中有两种形象最为典型：一种是雅典娜以“神人同形”的女神形象出现，她的身旁有一只猫头鹰；另一种则是雅典娜融合了猫头鹰双翼的形象。

雅典娜

希 腊 女 神

与女神形影不
离的就是我。

据记载，英国广播公司曾经有一篇文章是这样描述的：古希腊人着迷于它们（纵纹腹小鸮）的凝视，并认为其中蕴含着伟大的力量。翻转任何一枚柏拉图时期的银币，你都能找到大眼睛的萌鸮形象，而另一面则描绘着象征着智慧的雅典娜女神，这位女神也以拥有纵纹腹小鸮为其独特标志。

暗夜之王——雕鸮

	中文名	学名
物种	雕鸮（diāo xiāo）	*Bubo bubo*
科	鸱鸮科	Strigidae

物种英文名 Northern Eagle Owl

国家二级重点保护野生动物

CITES 附录Ⅱ*

雕鸮是最大的鸮形目猛禽之一，也是世界上分布范围最广的鸮形目猛禽之一，人类还给它们取了许多奇怪的名字——老兔、大猫王、恨狐等。

*注：CITES是《濒危野生动植物种国际贸易公约》，该公约管制国际贸易的物种。CITES附录有三个，分别与濒危保护程度正相关，附录Ⅰ的物种保护程度最高。

（橘色区域：该物种成鸟的数据波动范围）

190 180 170 160 150 140 130 120 110 100 90 80 70 60 50 40 30 20 10 0
120 110 100 90 80 70 60 50 40 30 20 10 0
♂1550~2800克
♀2280~4200克

单位：厘米

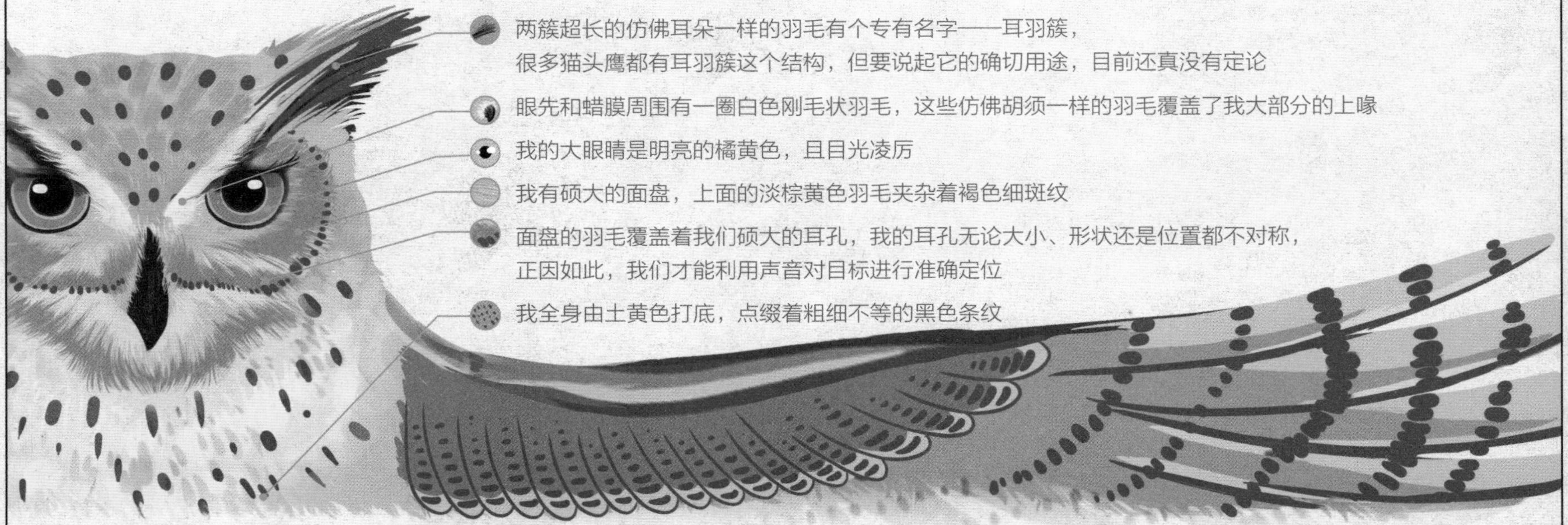
两簇超长的仿佛耳朵一样的羽毛有个专有名字——耳羽簇，很多猫头鹰都有耳羽簇这个结构，但要说起它的确切用途，目前还真没有定论
眼先和蜡膜周围有一圈白色刚毛状羽毛，这些仿佛胡须一样的羽毛覆盖了我大部分的上喙
我的大眼睛是明亮的橘黄色，且目光凌厉
我有硕大的面盘，上面的淡棕黄色羽毛夹杂着褐色细斑纹
面盘的羽毛覆盖着我们硕大的耳孔，我的耳孔无论大小、形状还是位置都不对称，正因如此，我们才能利用声音对目标进行准确定位
我全身由土黄色打底，点缀着粗细不等的黑色条纹

喜欢独居

平时我都是单独过日子的，白天没人打扰我能藏上一天。

能吃不挑

我食量很大，基本不挑食哦。

全天捕猎

我全天都可以捕食，但主要集中在黄昏、夜晚和凌晨。

能抓都吃

我的主食一般是一些小型哺乳动物，尤其是啮齿动物，也吃其他鸟类和两栖、爬行动物，也可以理解为能抓到的我都吃。

遇强不惧

那些能抓的动物就不说了，有时候我还敢吃其他猛禽呢。遇见大鵟这种大型猛禽我都敢上去打一架。

求偶

我们会在每年12月至次年3月寻找配偶，在夜晚放声高歌，歌声能传到几千米外。

如果遇到心仪的异性，作为雄鸟，我们也会为心爱的“姑娘”捕个猎物作为礼物送来增进感情。

亲昵地靠在一起，互相梳理羽毛。3~5天后，我们就确定了关系并交配。

然后就会寻找巢址，在把巢稍做整理后，就可以开始产卵繁衍宝宝啦！

筑巢

我们一般会在峭壁中突出的岩石上筑巢。巢的建造非常简单，由雌鸟用脚爪在地上刨个坑，有时候简约到不需要垫任何东西，产卵完毕后才会垫上一些羽毛。

产卵

数量 每巢3~5枚卵

外观 近白色，近圆形

大小 最长处55~58毫米，最宽处44~47.2毫米

重量 50~60克

孵化 主要由雌鸟负责孵化

偷鸽子未遂事件

你好啊，晚餐！
啊！

故事发生在家养鸽舍，月黑风高的夜晚，来了两位偷鸽子“小贼”。两只雕鸮发现自己被困鸽笼，疯狂撞笼导致受伤。

康复师接到通知赶过去，把它俩接回救助中心，0206伤势不太重，简单处理就将它们送入病房了。

这是0207麻醉没醒的样子，是不是萌萌哒？

过来一个试试？！

然而，清醒后一秒变脸！

很多猛禽会把绷带拆啊拆，大多数是白费力气，不用过多干预。

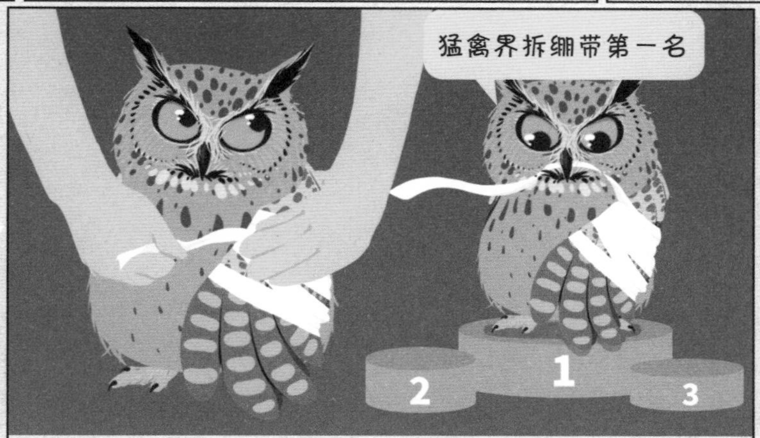

但0207不一样，拆得又快又准！若置之不理伤口会恶化，而拆了包、包了拆时刻处于激动状态，长期下去同样要命。

于是，猛禽救助中心成立15年历史上第一只戴伊丽莎白颈圈的猛禽诞生了。

毛厚厚哒，你以为我没脖子？科学证明我也拥有长脖子！

戴颈圈比反复拆绑还费劲！雕鸮的脖子能灵活旋转270°，前几天康复师要时刻盯住监控，防止颈圈影响呼吸。

拍什么拍？
要打架吗？

住院也有段日子了，而戴上颈圈的0207依然时刻要和你拼命。

过了一个月，0206号痊愈后就被放飞了。

三个月后，0207可以不用绑绷带，也不用继续戴颈圈了。

四个月后，例行体检留念一张表情照。

恢复得很好，就等着长好羽毛了。

七个月后，体检合格啦！0207被装到特制的猛禽运输箱里放归自然啦！

待研究

雕鸮是配偶相对比较固定的鸟，不出意外的话，基本会一生一世一双鸟。康复师们之前高度怀疑0206和0207是一对雕鸮夫妻，不然怎么会两只雕鸮看上同一窝鸽子呢？再联想到它俩之前住单间病房时，曾经隔着门板“一唱一和”，一嚎就是一整宿……根据0206的体重和康复师的经验也证明它可能是雌性，对于0207的性别，大家更倾向雄性。然而，经过DNA检验，两只都是雄性，于是偷鸽子“夫妇”变成了偷鸽子“兄弟”。

夜战小天才——红角鸮

	中文名	学名
物种	红角鸮（hóng jiǎo xiāo）	*Otus sunia*
科	鸱鸮科	Strigidae

物种英文名 Oriental Scops Owl

国家二级重点保护野生动物

CITES 附录Ⅱ

棕色型
灰色型

红角鸮身体娇小，却长着一双圆滚滚的黄色大眼睛，经常被人类评价为呆萌可爱，红角鸮是国家二级保护动物，只可远观不可亵玩哦！

60
50
40
30
20
10
0
30
20
10
0
♂ 75～95克
♀ 75～95克
单位：厘米

bo-bo-bo 我叫声洪亮，像发送密电的声音和节奏。
大部分时间我喜欢在夜间捕食。白天嘛，我就想站在树上一动不动，伪装成一根树枝。
平时我就喜欢吃昆虫，偶尔也吃蜈蚣、蜘蛛、小型鸟类和小型哺乳动物。
我们每年4月中下旬来到北京，一窝能产下3～6枚卵，然后孵化、育雏，直到秋天，9月底左右迁离北京。
当遇到危险时，我可以收紧全身羽毛，让自己变瘦，这是一种应激反应。
我们喜欢把家安置在高大乔木上的天然树洞中或者类似的位置。
别看我像个迷你宝宝，站起来还没有一瓶矿泉水高，但我可是真正的猛禽哦！
另一种应激反应则是张开翅膀把自己变大，并通过摇晃身体、快速眨眼来恐吓对手。

叫声趣闻

红角鸮的鸣唱声听起来像日语的“bo po so”（佛法僧），一度被日本人误认为是另一种鸟的叫声，并将另一种鸟命名为佛法僧；直到有一个当地人朝着发出这个声音的地方开了一枪，发现掉下来的竟然是红角鸮，这个误会才被解开。

治疗骨折的红角鸮

1 入院检查

❶ 称体重

❷ 验血

❸ 拍X光片

2 打造档案

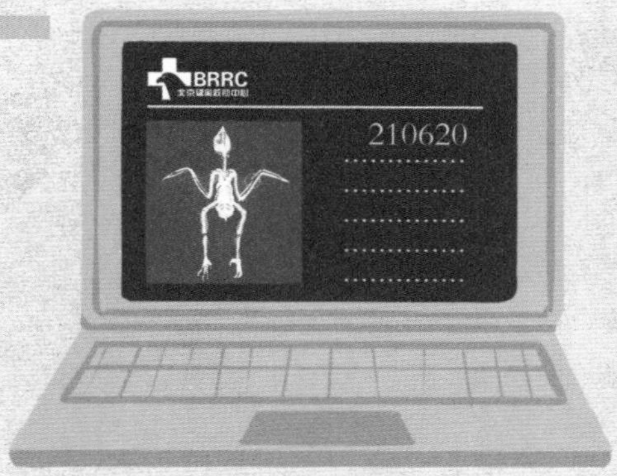

专属病例档案

物种：红角鸮
体重：68克
年龄：亚成
检查结果：左侧桡骨骨折
治疗方案：×月×日 接骨手术
用药方案：PO Amox 0.2ml
（30mg/ml）BID 7days

3 呼吸麻醉

进行呼吸麻醉是为了避免猛禽应激和疼痛

4 处理伤病

消毒液　医用吸管　无菌敷料　医用纱布

❶ 对伤口进行清理和消毒

❷ 使用骨针将断开的两节骨头重新连接在一起

5 包扎固定

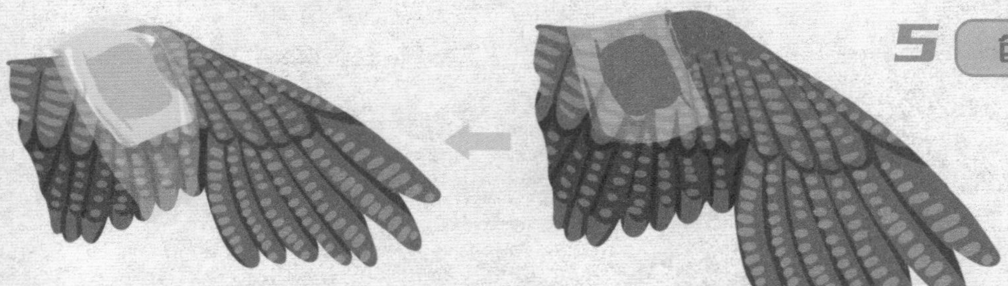

❶ 在伤口处敷药

❷ 包上一层透气不透水的膜

❸ 用弹力绷带包扎固定

❹ 用接近猛禽体温的生理盐水进行皮下补液，防止脱水

为什么注射生理盐水时要接近猛禽体温？

需要救助的猛禽通常已经非常虚弱，如果补充的生理盐水温度低于体温，它们就需要额外调动身体的能量去“加热”这些液体，这会加重猛禽的虚弱程度，不利于身体恢复。

猛禽的平均体温为40～41℃

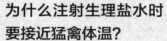

女神图腾——纵纹腹小鸮

	中文名	学名
物种	纵纹腹小鸮（zòng wén fù xiǎo xiāo）	*Athene noctua*
科	鸱鸮科	Strigidae

物种英文名 Little Owl

国家二级重点保护野生动物

CITES 附录Ⅱ

纵纹腹小鸮是古希腊神话中智慧女神雅典娜的宠物，象征着智慧和预言，拉丁学名*Athene noctua*就是“雅典娜的小鸮”的意思。

白天也可捕猎

鼠类、小鸟、昆虫、小型两栖及爬行动物都是我的最爱，我还能吃体型和我相仿的小动物哦。

它的力气怎么这么大，伤自尊啊！

虽然我像个巴掌大的毛球，但我可是猫头鹰，是猛禽哦！我的体重是同体长的椋（liáng）鸟的两倍多呢。

亲爱的注意安全，早点回来！

我们会轮流参与孵化过程，孵化结束后就会疯狂地捕猎，一起喂养我们的小鸮宝宝。

我通常在夜晚活动，瞄到猎物时，我会像小炮弹一样砸向猎物；躲避天敌时，我又可以像小老鼠一样钻洞躲避。

我常常神经质地做蹲起动作，同时将头转来转去，是不是很有趣？

就连古希腊钱币的图案，也有我的身影，我可被誉为智慧之鸟哦，也是雅典娜女神的象征呢！

请把我交给专业的医生

哎呀，发现了一只小鸟宝宝，我该怎么办？
让我看看你有没有受伤？
否
是
太好了，幸好你没受伤！
好了，赶快回家吧！
宝宝们早上好呀！
北京猛禽救助中心
还是找专业的医生来救你吧！
ifaw
绝不能做的事
这鸟挺好，咱拿回家养呗！
那可不行，我又不是鸟妈妈，也不是鸟医生，而且养它可是违法的！

大眼萌仔——斑头鸺鹠

	中文名	学名
物种	斑头鸺鹠（bān tóu xiū liú）	*Glaucidium cuculoides*
科	鸱鸮科	Strigidae

物种英文名 Asian Barred Owlet

国家二级重点保护野生动物

CITES 附录 Ⅱ

斑头鸺鹠因头顶上分布着细条状的白色横斑而得名。

我体长不大，背部长满棕褐色横斑。因羽毛上有许多条纹，所以我又叫横纹鸺鹠，经常会在庭园、村庄、原始林及次生林里出现。我是夜行动物，喜欢在夜里和清晨练练嗓门，但有时也在白天出来抻抻筋骨。

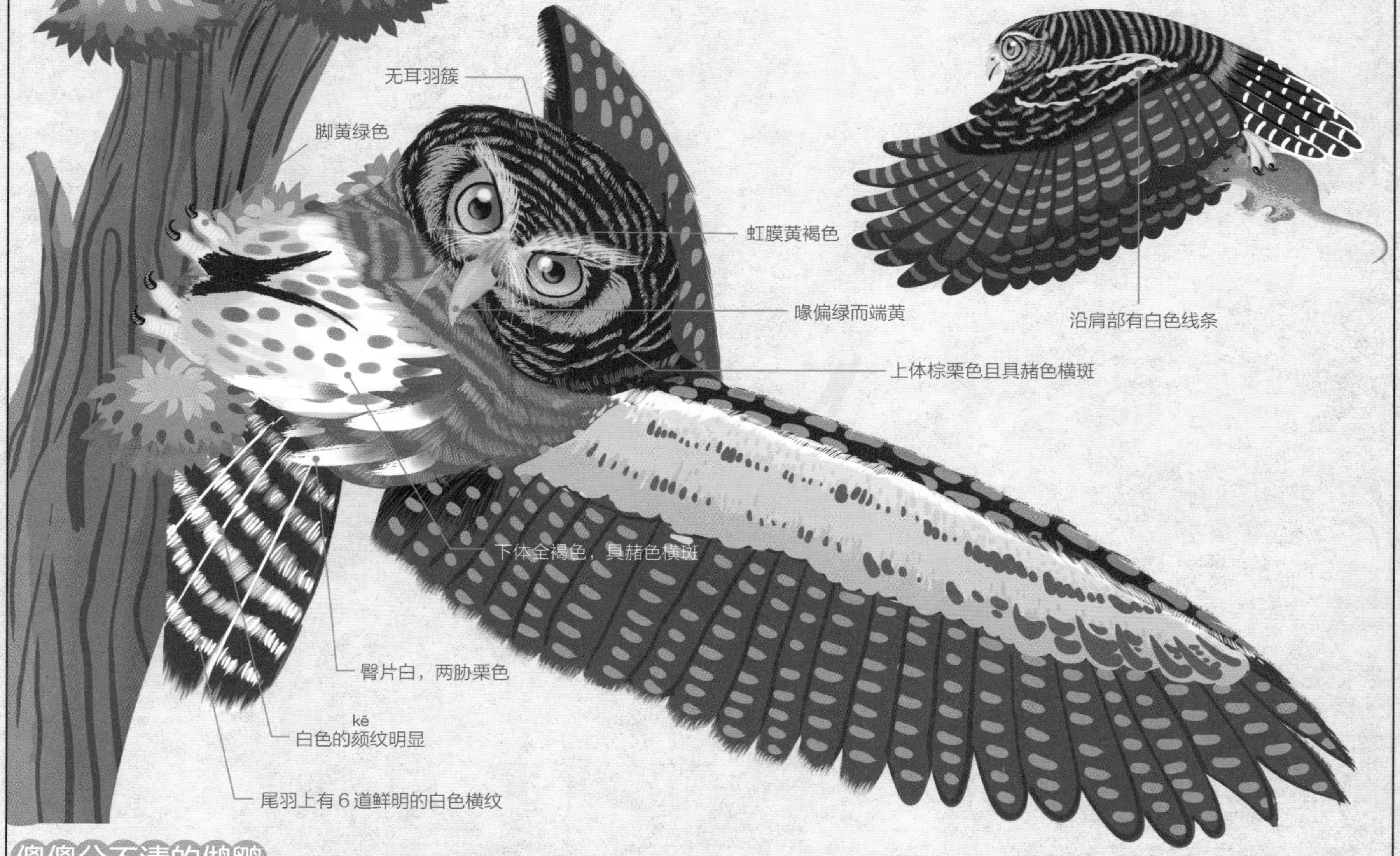

傻傻分不清的鸺鹠

我们是领鸺鹠
身为领鸺鹠成鸟的我们，只有麻雀那么大，头顶有白色斑点，颈背有一对黑色“假眼睛”胸及腹部有褐色纵纹。
我们是斑头鸺鹠
身为斑头鸺鹠成鸟的我们，头顶为白色横纹，脑后无“假眼睛”，胸及腹部有灰色纵纹。

强行“移民”

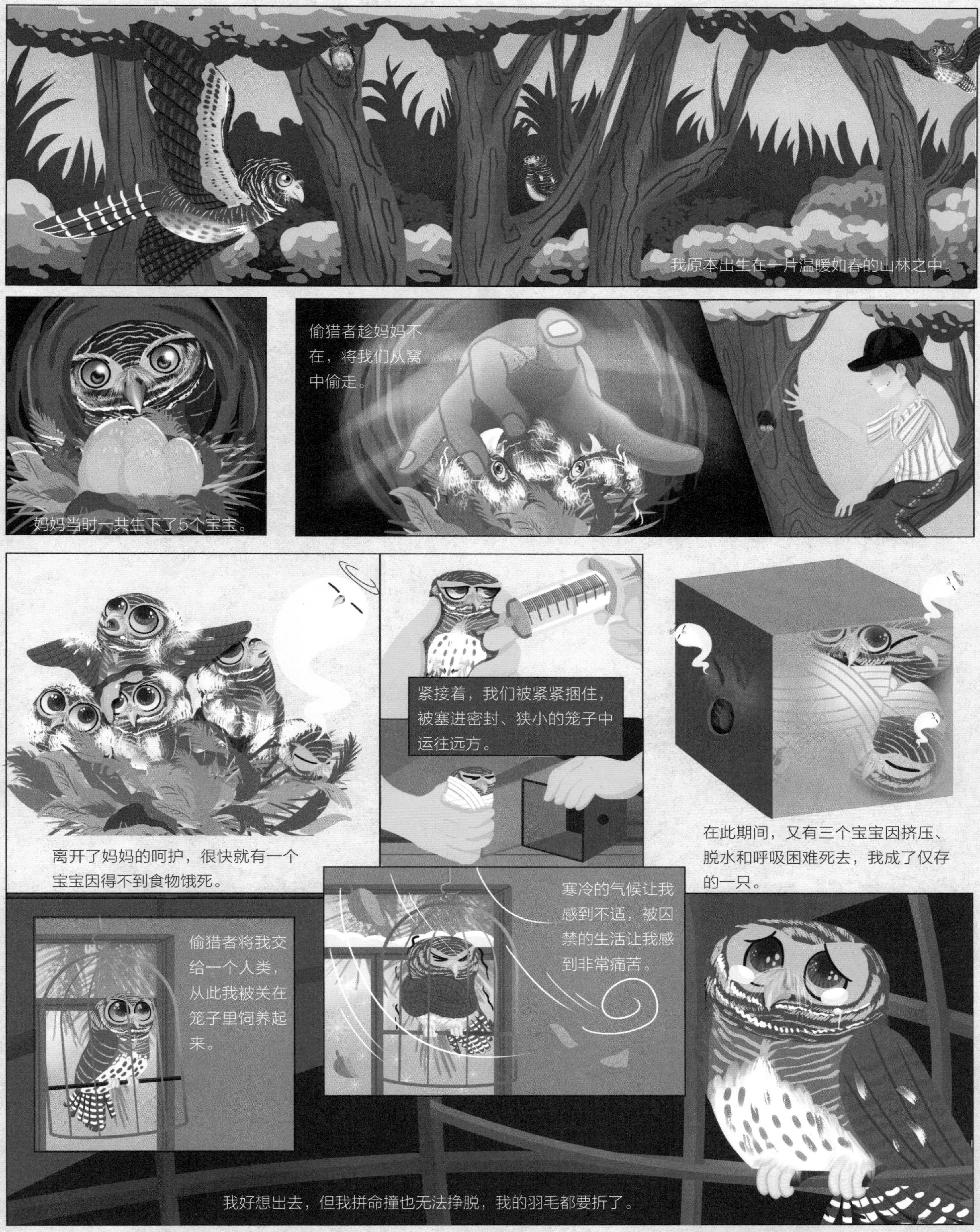

我原本出生在一片温暖如春的山林之中。
妈妈当时一共生下了5个宝宝。
偷猎者趁妈妈不在，将我们从窝中偷走。
离开了妈妈的呵护，很快就有一个宝宝因得不到食物饿死。
紧接着，我们被紧紧捆住，被塞进密封、狭小的笼子中运往远方。
在此期间，又有三个宝宝因挤压、脱水和呼吸困难死去，我成了仅存的一只。
偷猎者将我交给一个人类，从此我被关在笼子里饲养起来。
寒冷的气候让我感到不适，被囚禁的生活让我感到非常痛苦。
我好想出去，但我拼命撞也无法挣脱，我的羽毛都要折了。

驯化是人类通过改变野生动物的栖息环境、遗传基因，使其成为家禽、家畜、宠物的过程。人类经过几万年的时间，才挑选出满足人类对动物蛋白的需求以及满足看家护院和陪伴需求的家禽家畜，并保证这些被挑选出来的动物能够适应人工环境。

而独居、胆小、暴躁、攻击性和领地意识强，或者难以与人类建立情感互动的野生动物则很难被人类驯化，同样也很难在人工圈养环境下正常繁衍生息。因此一旦人类擅自饲养这些野生动物，会导致被饲养的动物罹患各种因不适环境导致的伤病，甚至痛苦死去。而因为异宠需求导致的盗猎还会对野生动物的野外种群造成破坏。而一个物种的消失很有可能会影响与其相互依存的其他物种，最终造成一个区域的生态失衡。用一句话来概括就是：野生动物只属于大自然。

会飞的“猫”——长耳鸮

	中文名	学名
物种	长耳鸮（cháng ěr xiāo）	*Asio otus*
科	鸱鸮科	Strigidae

物种英文名 Long-eared Owl

国家二级重点保护野生动物

CITES 附录Ⅱ

长耳鸮因长着一对竖着的“长耳”得名，其实这对“长耳”的正确名字叫作耳羽簇，这只是毛，并不是鸟的耳朵，耳羽簇不仅可以帮助长耳鸮在野外环境中伪装，还能起到向同类传递危险信号的作用。

单位：厘米

⚥ 220~435克

耳羽簇较长
脸上的白色“X”纹是须形成的
下胸及腹部的细纹较少
处于栖止状态时，身体基本与地面垂直
我平时会在树枝上笔直站立，静止不动，一旦我对你“回眸一笑”，这可不是代表我很开心，而是一种向你发起示威的动作——“快躲远点，否则我可要对你出手啦！”

昼伏夜出

我一般栖息在低海拔、平原等地的森林中，白天一般站立在树枝上，只有在黄昏和夜晚才活动。

集体过冬

冬天，我们喜欢上百只聚在一起，其他时间，我们要么和伴侣在一起，要么独居。

鼠害克星

我主要以鼠类、昆虫和小型鸟类为食，尤其在控制啮齿动物数量方面具有重要的作用。

不喜搬家

长时间停留在某个地区时，我喜欢生活在一个固定的地点，甚至可以精准到一棵树的某一段树枝，于是这段树枝下就会遍布着我的排泄物或食丸，这也成了寻找我的线索。

饿晕的长耳鸮

每年冬天寒流到来前，我们就会聚集起来，一起向南迁徙。（从中国东北三省和内蒙古到河北和北京）
就留在这里吧！
相对温暖的城市里分布着大量啮齿类动物、鸟类和蝙蝠，于是这里就成了我们越冬的宝地。
好饿……
咕~
以前我们会聚集在城市公园的古树上度过漫长寒冬，现如今，公园里的食物匮乏，游人吵闹，我们已经很久没有吃东西了。
呼~
呼~
风好大，我好饿，浑身就像灌了铅，忽然眼前一黑，从空中掉了下来。
这是哪里呀？
好软，好暖和啊~
当我再次清醒时，已经被蒙住了双眼，经过一路颠簸，被运到一个温暖的地方。
在这里，康复师不仅会检查我的身体，还用各种补液帮我纠正脱水。
慢慢地，虚弱的身体开始恢复。晚餐竟然是两只老鼠，这可是我最喜欢的食物啊！我恢复得更快了。
优雅~
不久之后，我又被接到室外的“大病房”中。在康复笼舍中做飞行训练，每天都会来回飞上好多圈，为重返蓝天做准备。
在这里的日子很惬意，不用担心饿肚子，但每到晚上，我都会怀念璀璨的星空。
终于等到回家的日子！
能够再次翱翔，感觉真好！

夜猫子就是我——短耳鸮

	中文名	学名
物种	短耳鸮（duǎn ěr xiāo）	*Asio flammeus*
科	鸱鸮科	Strigidae

物种英文名 Short-eared Owl

国家二级重点保护野生动物

CITES 附录 Ⅱ

短耳鸮和长耳鸮同属于鸮形目鸱鸮科长耳鸮属，但由于耳羽簇比长耳鸮短，得名短耳鸮。

我大多时候都是贴着地面飞行的，而且不会飞得很快，一阵鼓翼飞翔后，伴随着一阵滑翔，两种飞行姿势交替进行，整个飞行过程不慌不忙，展现出一种极为优雅的气质。

虽然是猫头鹰，但我们短耳鸮喜欢在白天活动，尤其喜欢待在高草丛里。我们以啮齿动物、小鸟、蜥蜴和昆虫等为食。

我的爱人你在哪？
是在找我吗？

我在繁殖期间经常一边飞翔一边鸣叫，反复地发出类似“bo—bo—bo—”的声音，以此来吸引异性的关注。

我可爱的孩子们，要健康长大呀！

我的繁殖期大概在每年的4—6月，每窝产卵3~8枚，卵为白色圆球状。妈妈主要负责孵卵，孵化期为24~28天。宝宝在孵出后，经过24~27天才能够飞翔。

可怕的玻璃幕墙

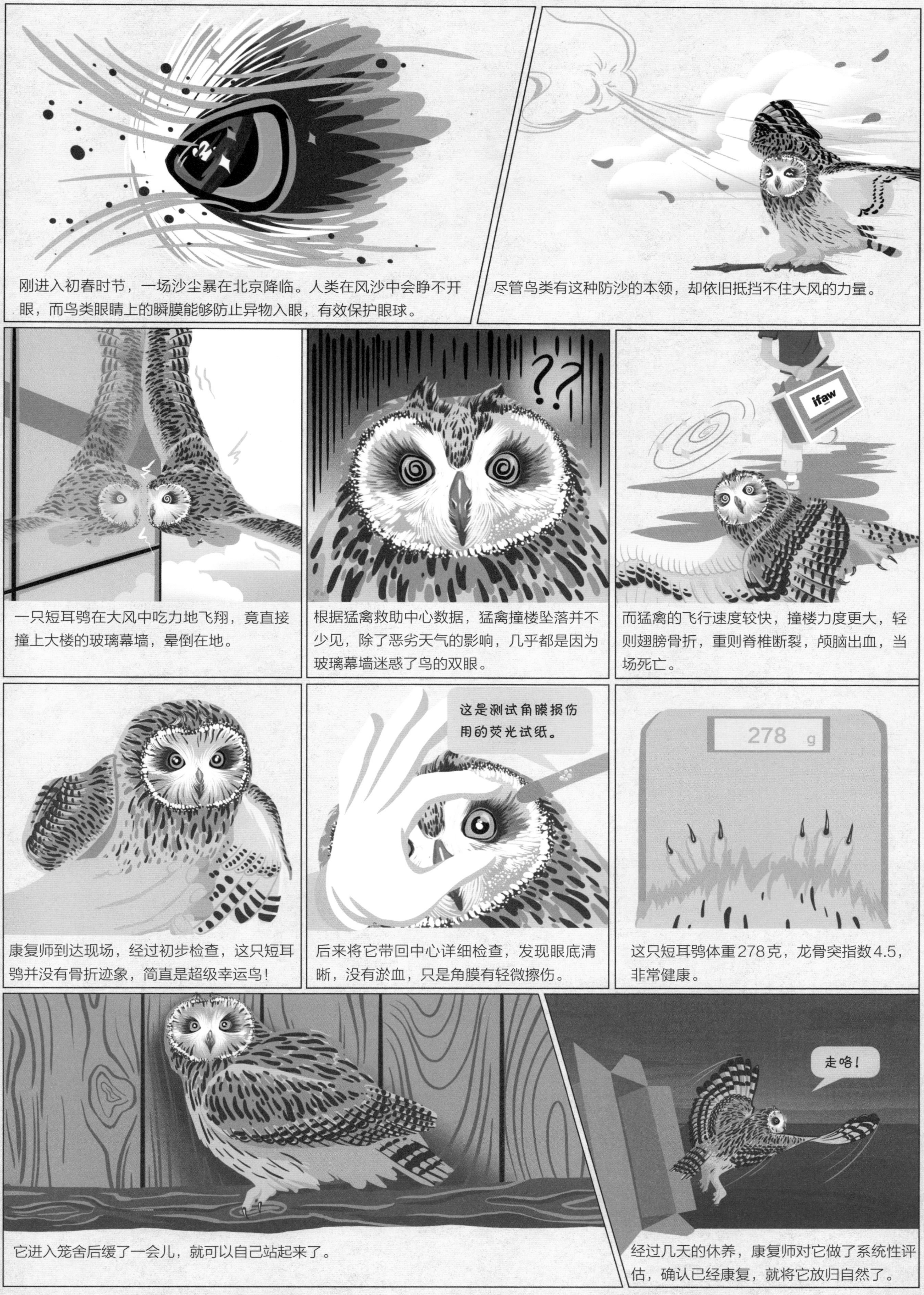
刚进入初春时节，一场沙尘暴在北京降临。人类在风沙中会睁不开眼，而鸟类眼睛上的瞬膜能够防止异物入眼，有效保护眼球。
尽管鸟类有这种防沙的本领，却依旧抵挡不住大风的力量。
一只短耳鸮在大风中吃力地飞翔，竟直接撞上大楼的玻璃幕墙，晕倒在地。
??
根据猛禽救助中心数据，猛禽撞楼坠落并不少见，除了恶劣天气的影响，几乎都是因为玻璃幕墙迷惑了鸟的双眼。
ifaw
而猛禽的飞行速度较快，撞楼力度更大，轻则翅膀骨折，重则脊椎断裂，颅脑出血，当场死亡。
康复师到达现场，经过初步检查，这只短耳鸮并没有骨折迹象，简直是超级幸运鸟！
这是测试角膜损伤用的荧光试纸。
后来将它带回中心详细检查，发现眼底清晰，没有淤血，只是角膜有轻微擦伤。
278 g
这只短耳鸮体重278克，龙骨突指数4.5，非常健康。
它进入笼舍后缓了一会儿，就可以自己站起来了。
走咯！
经过几天的休养，康复师对它做了系统性评估，确认已经康复，就将它放归自然了。

是鹰还是鸮？——日本鹰鸮

	中文名	学名
物种	日本鹰鸮（rì běn yīng xiāo）	*Ninox japonica*
科	鸱鸮科	Strigidae

物种英文名 Northern Boobook

国家二级重点保护野生动物

CITES 附录 Ⅱ

日本鹰鸮，也叫北鹰鸮，因外表像鹰而得名，没有猫头鹰常见的面盘和领翎。

♀ 172～227克

与其他鸮类猛禽的共同之处

双眼分布在头部正面，长着一双硕大的眼睛，黑色的瞳孔又圆又大。

日本鹰鸮在中国北方是夏候鸟，在南方则可能是留鸟，每年9月末会从北京出发向南迁徙。

与其他鸮类猛禽的不同之处

每当黄昏时分开始出现在林地边缘的空地处，捕食昆虫、小鸟及小老鼠等动物。

有显著的面盘和领翎。

没有显著的面盘和领翎，脑袋看起来比较“秃”，经常在白天活动。

当我兴致上来时，还会发出“pung-ok”的鸣叫声，有时会持续很长时间。

我们一般不会自己筑巢，这是其他鸟类使用过的树洞，我们找一些树枝、稻草垫在下面就完成了。
日本鹰鸮主要根据食物多少来调整每年的产卵量。一般会在每年5—6月上旬产卵，每窝产卵2～3枚，卵呈白色，表面光滑。
雌鸟产卵后，整天都在孵蛋，偶尔冒头；雄鸟除外出捕食外，会一直守候在巢外，严防天敌的袭击。
随着幼鸟一天天长大，它们会走出巢穴并排站在树枝上，睁大眼睛。亲鸟会一遍遍地示范飞翔，教幼鸟如何运用身体的功能飞翔和捕食。

猛禽也会被欺负

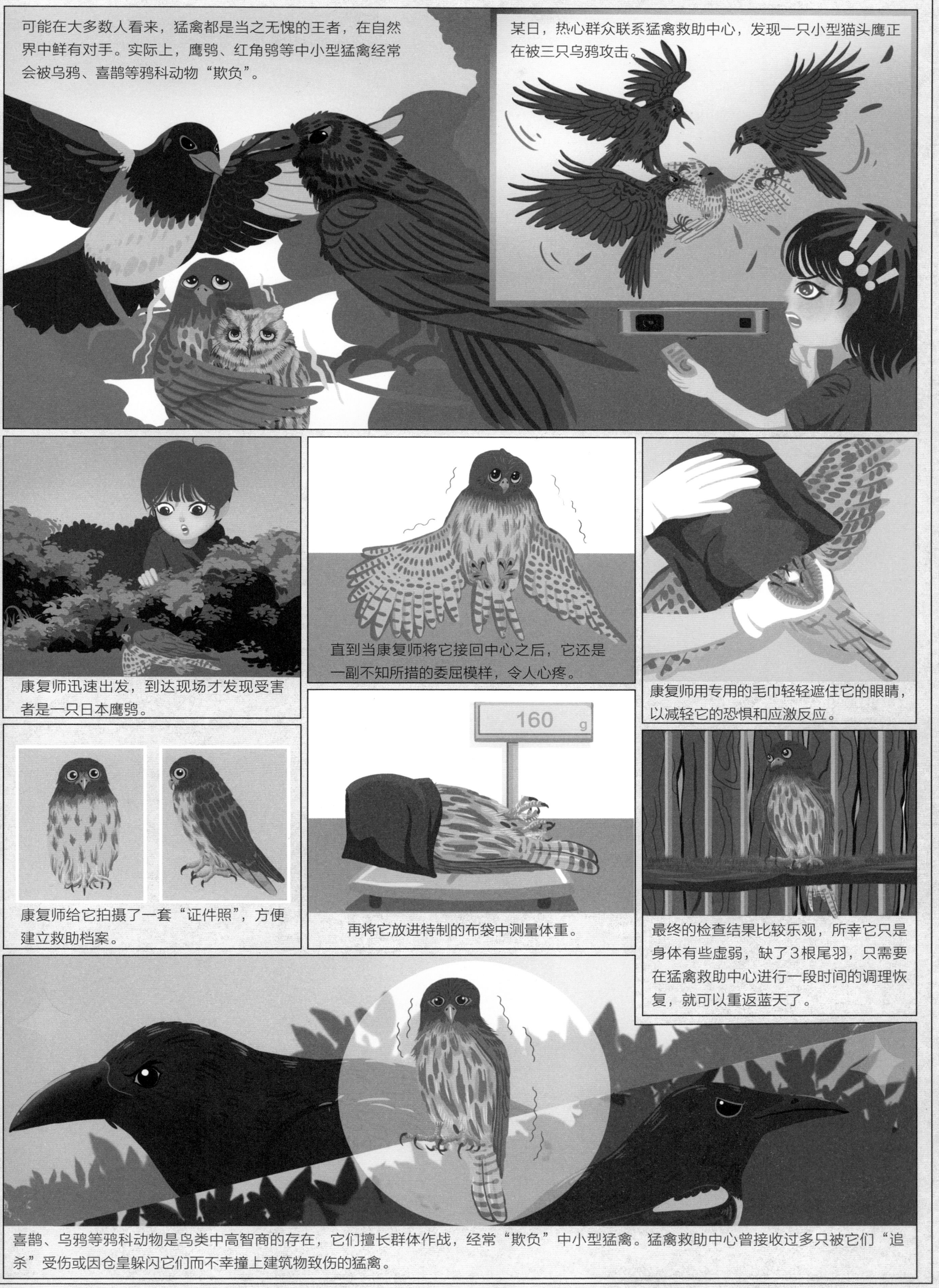
可能在大多数人看来，猛禽都是当之无愧的王者，在自然界中鲜有对手。实际上，鹰鸮、红角鸮等中小型猛禽经常会被乌鸦、喜鹊等鸦科动物“欺负”。
某日，热心群众联系猛禽救助中心，发现一只小型猫头鹰正在被三只乌鸦攻击。
康复师迅速出发，到达现场才发现受害者是一只日本鹰鸮。
直到当康复师将它接回中心之后，它还是一副不知所措的委屈模样，令人心疼。
康复师用专用的毛巾轻轻遮住它的眼睛，以减轻它的恐惧和应激反应。
康复师给它拍摄了一套“证件照”，方便建立救助档案。
160 g
再将它放进特制的布袋中测量体重。
最终的检查结果比较乐观，所幸它只是身体有些虚弱，缺了3根尾羽，只需要在猛禽救助中心进行一段时间的调理恢复，就可以重返蓝天了。
喜鹊、乌鸦等鸦科动物是鸟类中高智商的存在，它们擅长群体作战，经常“欺负”中小型猛禽。猛禽救助中心曾接收过多只被它们“追杀”受伤或因仓皇躲闪它们而不幸撞上建筑物致伤的猛禽。

大大黑眼睛——灰林鸮

	中文名	学名
物种	灰林鸮（huī lín xiāo）	*Strix nivicolum*
科	鸱鸮科	Strigidae

物种英文名 Himalayan Owl

国家二级重点保护野生动物

CITES 附录Ⅱ

灰林鸮，头顶没有耳羽簇，长着圆圆的脑袋，面盘中央分布着白色的V形斑纹，眼睑边缘呈粉色。

100 90 80 70 60 50 40 30 20 10 0
70 60 50 40 30 20 10 0
♀ 375～392克
单位：厘米

我叫灰林鸮，属于中型鸮类，长着圆圆的脑袋，头顶没有耳羽簇，面盘中央长着一个白色的V形斑纹，眼睑边缘呈粉色，我们的身材比较娇小。
我们在白天通常会躲在隐蔽、茂密的树枝间休息，能一动不动地站立很长时间。
到了黄昏和晚上，我才会外出捕食，我可以寂静地飞行，主要凭借视觉和听觉来捕捉猎物。

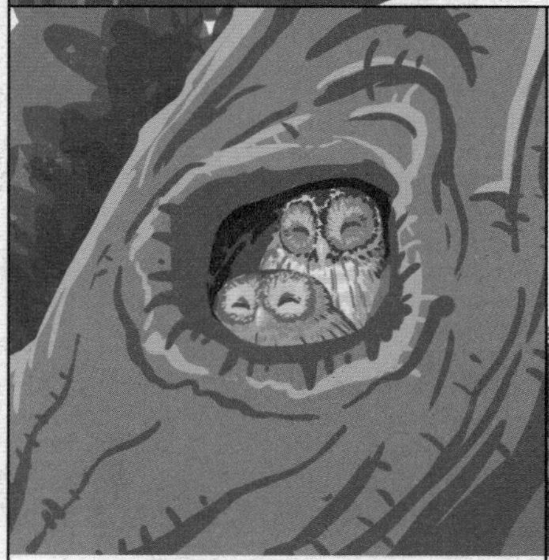

我们一般会选择树洞进行营巢，每窝产卵1～8枚。雌鸟主要负责孵卵，孵化期为28～30天。

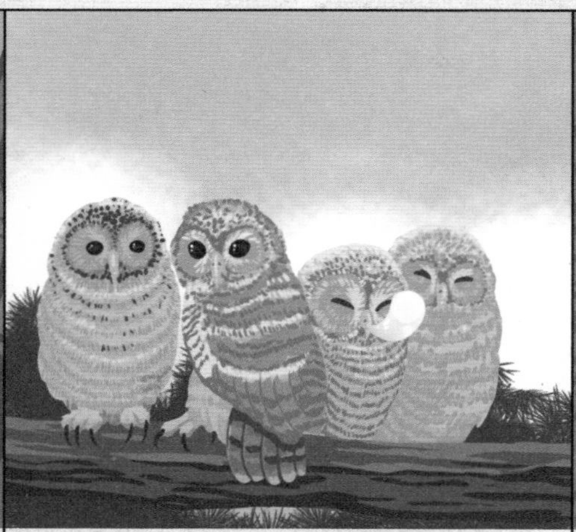

雏鸟喜欢在站立时紧贴在一起，成年后依然会保留这个习惯。

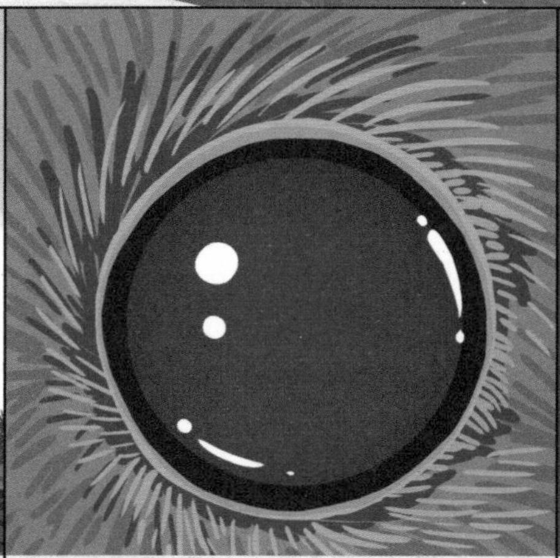

灰林鸮雏鸟的瞳孔是灰白色的，就像患上白内障一样，但视力正常，它们成年之后才变成黑色瞳孔。

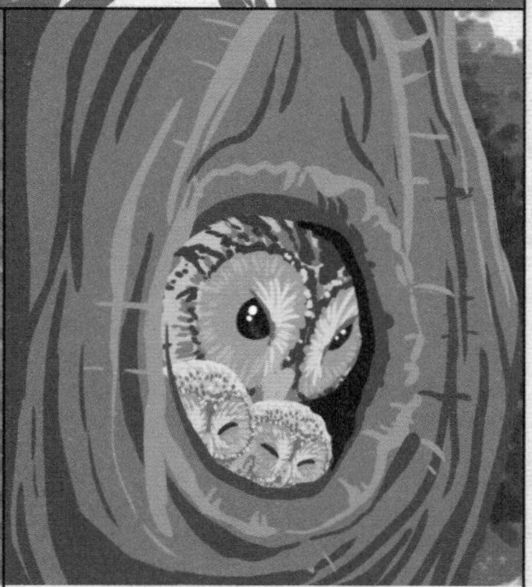

雏鸟在经过亲鸟29～37天的喂养后才能飞离鸟巢。

幼鸟落巢事件

一位热心市民在京郊踏青时，发现了一只落巢的猫头鹰幼鸟，立刻拨打电话进行求助。

当救援人员到达现场后，发现“当事鸟”是一只灰林鸮幼鸟。

附近没有巢穴……

救援队立刻在附近展开搜索，可惜并没有发现它的巢穴，也没等到亲鸟，而现场也无法判断它是否受伤，只好将它接回去进行检查。

经过救助中心康复师的各项检查，这只幼鸟各项指标均正常，非常健康，精神状况也不错。

等你再长大点就能回森林了。

于是康复师便安排它住进“宿舍”，等它羽翼丰满再重返森林。

可找到你了！

那么，当我们发现落巢幼鸟时该怎么办呢？如果幼鸟没有受伤，且附近相对安全，亲鸟在旁边，建议不去干涉。

绝不能做的事
它好萌啊～我拿回家先养两天可以吗？
不行！绝对不行！咱们还是打电话求助吧！

如果幼鸟受伤、所处环境不安全或很长时间仍未发现亲鸟，请联系当地野生动物救助站并按照工作人员的指导进行操作。

我才不吃人类的食物呢！

幼鸟对营养的要求极其苛刻，人类的食物远远无法满足它们的生长需要；由人类养大的幼鸟容易对人产生依赖，长大后很难回归野外。

V字脸——北领角鸮

	中文名	学名
物种	北领角鸮（běi lǐng jiǎo xiāo）	*Otus semitorques*
科	鸱鸮科	Strigidae

物种英文名 Japanese Scops Owl

国家二级重点保护野生动物

CITES 附录 Ⅱ

北领角鸮因脖子上长着恰似衣领的棕白色斑纹而得名。

我脖子上长着恰似衣领的棕白色羽毛。

我的虹膜是红色的，这在北方鸮形目猛禽中可算是独一份。

我在北京地区属于留鸟，一般栖息在树木繁茂的山地丘陵、平原乡村等开阔地带，冬天则会经常在城市公园中出没。

白天我会躲藏在浓密的枝叶丛间，到了晚上才开始鸣叫和外出活动。

我主要以甲虫、蝗虫、老鼠、壁虎和小型鸟类等为食。

我不喜欢筑巢，一般会挑选天然树洞或啄木鸟废弃的旧树洞作为巢穴，偶尔也会利用喜鹊的旧巢。

繁殖期为每年的3—6月，每窝产卵2～6枚，卵呈白色，圆形，光滑无斑，大小为（35～38）毫米×（30～32）毫米，重17～19克，雌雄亲鸟轮流孵卵。

我属于小型鸮类，尽管个头不大，却拥有着鸮形目猛禽中最大的头身比，几乎达到“二头身”的程度。

一些生活在其他地区的鸮

食　丸

在猫头鹰等猛禽的巢穴附近，我们经常会发现这种椭圆状的毛球。

猫头鹰没有牙齿，无法将猎物撕碎，当它们捕捉到老鼠、小鸟、蜥蜴等猎物时，会习惯将其连毛带骨骼囫囵吞下。

猫头鹰没有嗉囊，吞下的食物会通过食道和腺胃进入肌胃中进行消化。

肌胃拥有发达的胃肌组织和许多褶皱，可以帮助猫头鹰消化食物。

4～5小时后，经过消化的食物变成食糜后进入肠道。

而毛发、骨骼等无法被消化的组织则会被挤压成一个椭圆形的小球，被猫头鹰吐出。

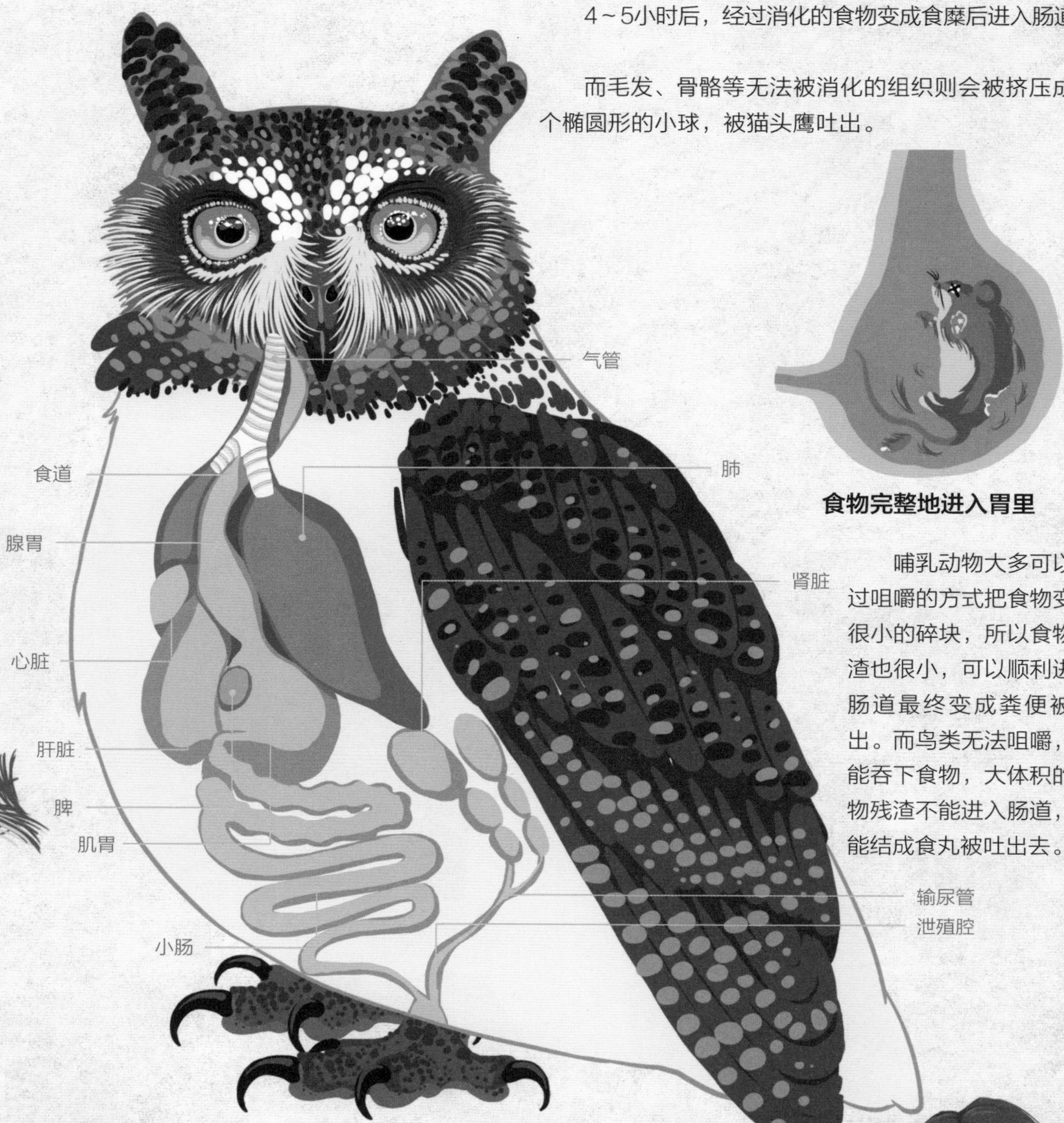

食物完整地进入胃里

哺乳动物大多可以通过咀嚼的方式把食物变成很小的碎块，所以食物残渣也很小，可以顺利进入肠道最终变成粪便被排出。而鸟类无法咀嚼，只能吞下食物，大体积的食物残渣不能进入肠道，只能结成食丸被吐出去。

食丸分解后多能找到骨骼和毛发。

猫头鹰的胃酸pH值在2.2～2.8之间，无法完全消化较硬的骨骼和毛发。

不同种类的食肉鸟类吐出来的食丸在形状、大小和成分上大不相同。因此，我们可以通过食丸的成分来研究食肉鸟类的食物组成、捕食偏好及分布线索。

请别误解我

我是一只猫头鹰，尽管我承认人类拥有非常强大的智慧，却不赞同人类是全知全能的说法。
比如有些人类会将我处于应激反应时的表情误解为可爱。
这个表情好可爱啊！
什么是应激反应?
当一种生物在面对各种内外环境及心理等的刺激时，所出现的全身性非特异性适应反应。
啊！！！
比如，一个人不小心掉进狮虎山，恰好踩到老虎尾巴，这个人全身寒毛直竖、吓到腿软就是一种应激反应。
当人类靠近时，我就会突然鼓开双翼和尾羽，并将胸前的羽毛散开，让自己显得体积更大，紧接着直立身体，让自己显得更长。
ha ha ha~
通过将身体重心从一只脚转移到另一只脚的方式，我们会重复做出左右、上下、转圈等不规则晃动，并发出“ha ha ha”的气音或者上下叩击喙的声音，这其实是在向“敌人”示威。
啊~
我还可能不停地眨眼，不少人类以为我在“卖萌”，其实我在表达心中的强烈不满和愤怒。
当你发现我们出现上述动作和神情时，不要觉得好笑。此时如果不加以控制，我们很快就会因过度惊吓、恐惧而休克，甚至导致死亡。
如果你再听到有人说……
这只猫头鹰的表情好可爱呀，我好想养一只。
对啊，我也是。
请你大声地告诉Ta：
那才不是可爱呢！所有猫头鹰都属于国家二级以上保护动物，私自饲养均属于违法行为！

隼式俯冲

隼形目鸟类是指一类小中型的日行性猛禽，它们曾经作为一个科，与鹰科、鹗科、鹭鹰科和美洲鹫科共同组成一个更大的隼形目。后来随着分子生物学和系统发育学的发展，科学家们保留了原隼形目下的隼科鸟类，然后将原隼形目中的其余成员全部归为鹰形目。

隼形目种类分布	
世界：	63 个物种
中国：	12 种 红腿小隼　白腿小隼　黄爪隼　红隼　西红脚隼 红脚隼　灰背隼　燕隼　猛隼　猎隼　矛隼　游隼
北京：	7 种 猎隼　红隼　燕隼　红脚隼　灰背隼　游隼　黄爪隼

红隼

我也来凑个热闹！其实我比它们好辨认，因为我有红色、灰色，且雌雄两性的羽毛差异比较明显，这在隼里可是非常罕见的。

灰背隼

我其实不喜欢俯冲，因为我平时吃的那些昆虫和小动物基本不需要俯冲就可以抓住！我是为了配合这位“比较出名”的游隼，才做了这么个平时不太用得上的姿势。

燕隼

我比较吵闹，属于小型猛禽。至于为什么叫燕隼，可能是因为我的翅膀折合时，翅尖几乎到达尾羽的端部，而且长得有点像燕子；或者我能捕到那些所谓速度极快的家燕和雨燕，谁知道呢？无所谓啦！

游隼

我是俯冲速度最快的鸟哦！大家都应该听说过我吧！看我帅不帅呢？在接近猎物时我会伸出脚爪砸向猎物，这种“一击毙命”可是我的独门绝技呢！

猎隼

论个头，一起俯冲的6种隼里，我可是老大！也是中型猛禽哦！空中捕猎是我很喜欢的方式。如果发现地面有猎物，我会先占领制高点，收拢翅膀，一个俯冲下去。就我这身型、速度，那些虫类、鼠类、鸟类还能逃得了吗？

红脚隼

光看名字也知道，我的脚是红色的，但不是你想的那种红色，而是橙红色的，千万别搞错！《诗经》中有“维鹊有巢，维鸠居之”，这种“鹊巢鸠占”现象中所说的鸠，就是我们这些小型隼啦！

快速识别隼形目

1. 从远距离观察，隼形目猛禽的两翼末端比较尖锐，很少存在分叉，这种流线型的三角翼可以使它们具备短时加速和极速俯冲的能力。

2. 从近距离观察，隼形目猛禽的上喙有一个尖锐的齿突，下喙则具有与之对应的缺口，这个结构可以帮助它们快速杀死猎物。当然，隼形目猛禽和现生的其他鸟类一样没有牙齿，齿突不过是角质喙的一部分。

3. 隼形目猛禽的眼下通常具有一条或深或浅的髭(zī)纹（也叫鬓(bìn)斑，俗称泪痕），这种条纹不仅可以隐藏好它们的眼睛和目光，还可以减少阳光反射对眼睛造成的干扰。

格斗高手——猎隼

	中文名	学名
物种	猎隼（liè sǔn）	*Falco Cherrug*
科	隼科	Falconidae

物种英文名 Saker Falcon

国家二级重点保护野生动物

CITES 附录Ⅱ

猎隼曾经被人类驯养用于狩猎，现在是国家一级保护动物，未经许可捕捉、驯养猎隼都属于违法行为。

130 120 110 100 90 80 70 60 50 40 30 20 10 0
100 90 80 70 60 50 40 30 20 10 0
♂730～990克 ♀970～1300克
单位：厘米

我经常单独活动，俯冲捕食时的飞行速度可达280千米/小时。我曾被人们驯养用于狩猎，因此被大量捕捉，我们的种群大受摧残，已成濒危物种。

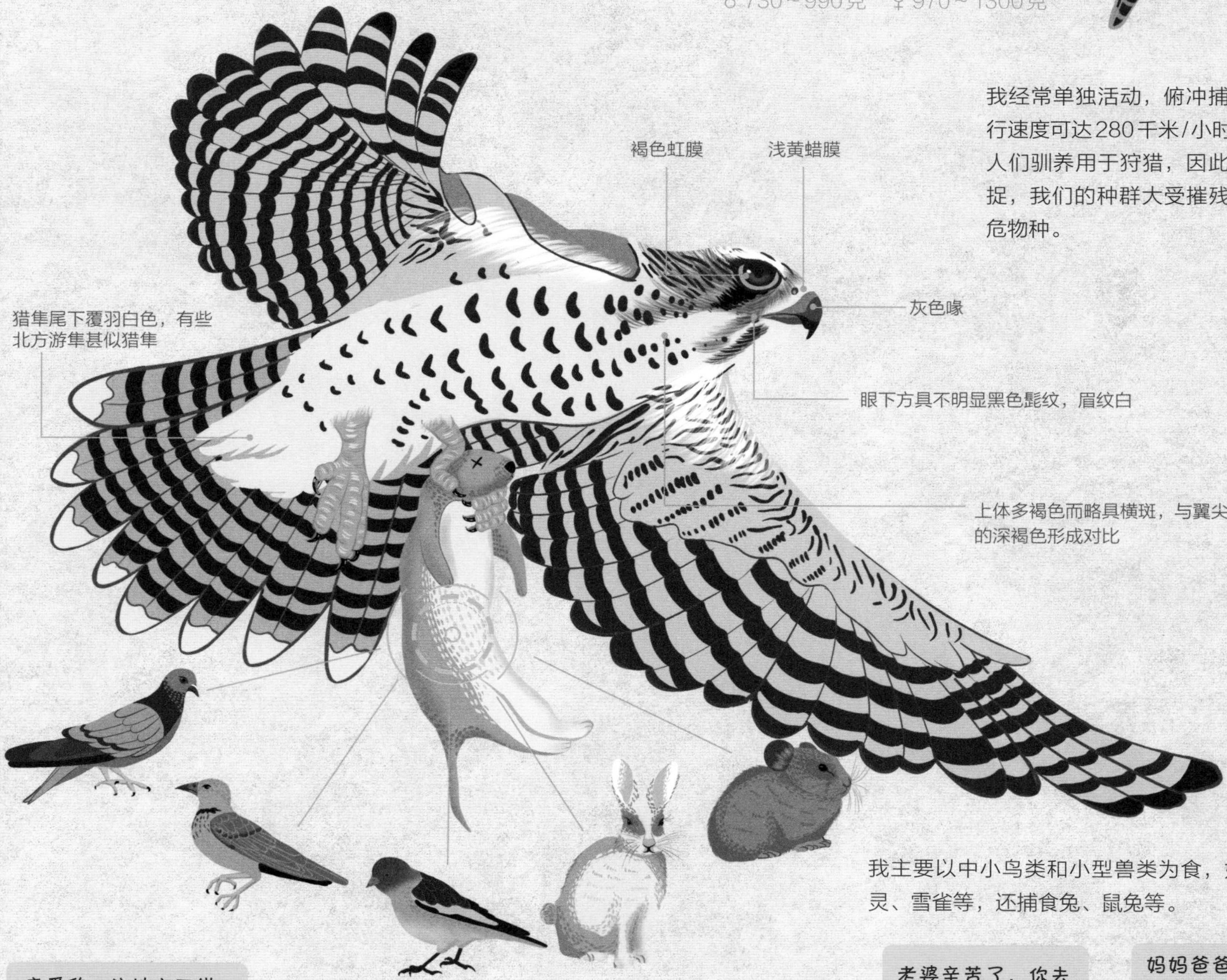
褐色虹膜
浅黄蜡膜
灰色喙
猎隼尾下覆羽白色，有些北方游隼甚似猎隼
眼下方具不明显黑色髭纹，眉纹白
上体多褐色而略具横斑，与翼尖的深褐色形成对比

我主要以中小鸟类和小型兽类为食，如岩鸽、百灵、雪雀等，还捕食兔、鼠兔等。

亲爱的，这地方不错，
咱们一起搭窝吧！

猎隼的繁殖期为每年的4—6月，它们大多在悬崖峭壁的缝隙中或者树上营巢，有时也利用其他鸟类的旧巢。

巢用枯枝筑成，内垫有兽毛、羽毛等物。每窝产卵3～5枚，偶尔产6枚，颜色为赭黄色或红褐色。

老婆辛苦了，你去
休息吧，让我来。

雄鸟和雌鸟轮流孵化，孵化期为28～30天。

妈妈爸爸只照顾你
们40多天哦～

雏鸟是晚成性的，孵出后由雄雌亲鸟共同喂养，经过40～50天后才能离巢飞走。

猎杀时刻

我是一名猎手。我的目标猎物遍布天空和大地。
每当我发现天空中的猎物时，就会凭借闪电般的速度追上猎物。
接着用翅膀猛击对方，直到对方失去飞行能力，从空中坠落。
这个时候，我就会从空中快速俯冲下来将其捕获。
每当我发现大地上的猎物时，先是快速飞到猎物的正上方，占领制高点。
紧接着收拢双翅，使翅膀上的飞羽与头身保持平行，头收缩到肩部。
然后以280千米/小时的速度向猎物俯冲而去。
最后在靠近对方的瞬间，稍稍张开双翅，用后趾的爪击杀猎物，再顺势抓住猎物。
我可不是欺软怕硬的，就算是金雕等大型猛禽进入我的领地，我也会主动出击，驱赶它们。
“闪电一击”就是我的代名词！

北京我最熟——红隼

	中文名	学名
物种	红隼（hóng sǔn）	*Falco tinnunculus*
科	隼科	Falconidae

物种英文名 Common kestrel

国家二级重点保护野生动物

CITES 附录 Ⅱ

红隼是北京地区最为常见的猛禽，身子小，速度快，作战勇猛。

我栖息于山地和旷野中，经常单个或成对活动，飞行较高。我最喜欢捕捉地面上活动的啮齿类、小型鸟类及昆虫。

我主要在空中觅食，或在高空迎风展翅，或在低空飞行搜寻食物，有时扇动两翅在空中长时间悬停，以观察猎物。

哈哈，远处我就看见你了。
!!

一旦发现猎物，就会突然俯冲而下，直扑猎物。

好饿啊，终于可以吃啦！

抓获以后就地吞食，然后再从地面上突然飞起，迅速升入高空。

红隼有时也采用站立在山丘高处，或站在树顶和电线杆上等候的方法，等猎物出现在面前时才突然出击。

和很多隼形目猛禽一样，红隼一般不会亲自筑巢，每到繁殖季节，通常会选择甚至侵占喜鹊、乌鸦等鸟类的巢穴，通常会选择在建筑物凸出平台上产卵。

红隼的童年成长日记

我两周龄啦！
（1周=7天）
我浑身长满了雏绒羽，无法完全站立，只能用跗关节困难地移动身体。
我和兄弟姐妹们每天都待在巢里抱团取暖，等待亲鸟喂食。
妈妈每天会用喙将猎物撕碎，亲口喂给我们。
我们在进食过后就会抓紧时间睡觉，时间就这样在吃和睡中度过。
除了喂食，妈妈也会一直待在巢里陪护我们。
孵化到四周龄左右的这段时间，是幼鸟学习的关键期，它们会对亲鸟、兄弟姐妹、食物、巢址及周边环境形成关键记忆，这种记忆称为“印记”。
如果这一时期的幼鸟被人非法饲养，很可能会形成错误印记，将人类视为自己的同类，之后将很难回归野外。
我三周龄啦！
我身上的雏绒羽开始逐渐褪去，正羽加速生长，羽毛颜色已经和成鸟的红棕色羽毛相同。
我已经可以站立，但腿部力量较弱，爪子抓握能力和身体平衡能力还不够强。
妈妈每天依然会将猎物撕碎，耐心地喂给我们。
窝外世界的诱惑越来越大，我们开始尝试着探索周边环境。
我四周龄啦！
我身上的雏绒羽大部分已经褪去，只有头顶和背部还能看到少许绒毛。
我感觉爪子的抓握力越来越强，开始尝试踩住食物，用鸟喙一点点撕碎并吞咽。
妈妈叼回巢内的食物越来越少，饥饿感让我们有了离巢的冲动。
我们在窝外活动的时间越来越长，爸爸则站在巢址高处，负责警戒。
我五周龄啦！
我们终于迎来真正意义上的初飞，蔚蓝的天空，我们来啦！

快如闪电——燕隼

	中文名	学名
物种	燕隼（yàn sǔn）	*Falco subbuteo*
科	隼科	Falconidae

物种英文名 Hobby

国家二级重点保护野生动物

CITES 附录Ⅱ

燕隼在飞翔时，翅膀就像狭长的镰刀一样，燕隼的双翼下密布着黑褐色的横斑，看上去形似燕子，因而得名。

90 80 70 60 50 40 30 20 10 0
70 60 50 40 30 20 10 0
单位：厘米
♂131～232克
♀141～340克

我一般栖息在树木稀疏的开阔平原、旷野、耕地、海岸和林缘地带，有时也会生活在城市、村庄等人类聚集地附近，在这些地方的出镜率很高哦！
我属于小型猛禽，身材修长，在停落状态下，翅尖长度甚至略微超过尾端。
我有着非常高超的飞行技巧，飞行极其敏捷，有时就像闪电一样，能与飞行速度极快的家燕和雨燕在天空中一较高下。
我经常在晨昏时分捕食，主要以麻雀、山雀等小型雀形目鸟类和蜻蜓、蟋蟀、蝗虫等昆虫为食，偶尔也会捕捉蝙蝠。

求偶

雄鸟嘴里衔着食物以一种踩高跷的姿态靠近雌鸟，一边不断地点头，一边将两腿分开，向对方展示自己的内侧羽毛，随后将食物交给雌鸟，接着双方便在空中一边结伴飞舞，一边发出单调而柔和的鸣叫。

营巢

这个窝归我了！

燕隼几乎不自己营巢，常常侵占乌鸦和喜鹊等鸟类的巢穴，巢穴距离地面的高度多在10～20米。

繁殖

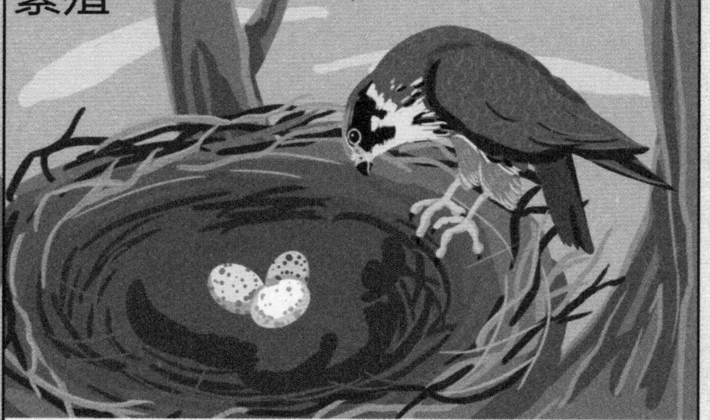

每年的5-7月是燕隼的繁殖期，每窝产卵2～4枚，卵的表面呈白色，密布着一些红褐色的斑点，大小为（37～43）毫米×（30～32）毫米。孵卵主要以雌鸟为主，孵化期为28天。雏鸟由亲鸟共同抚养28～32天后才能离巢。

如此珍贵的燕隼

2014年7月中旬，20岁的在校学生小Y在村外各处寻找燕隼巢。

他联合朋友小W将几处巢中的幼鸟全部掏出来带走了。

小Y将幼鸟的照片上传到朋友圈和QQ群中，就有网友和他联系想要买下幼鸟。

小Y将10只幼鸟分别卖给两个网友。

同年7月底，小Y和小W又搜寻到4只幼鸟并带回了家。

不久之后，几位民警找上门来，将小Y和小W带走拘留。

同年11月28日，法院以非法收购，猎捕珍贵、濒危野生动物罪，判处小Y有期徒刑10年6个月，并处罚金10000元，判处同伙小W有期徒刑10年，并处罚金5000元。

到底是什么鸟这么珍贵，需要一个大学生用宝贵的10年青春来补偿？

原来有网友发现小Y故意盗猎和非法贩卖国家二级保护动物的犯罪行为，于是便向公安部门进行了举报。

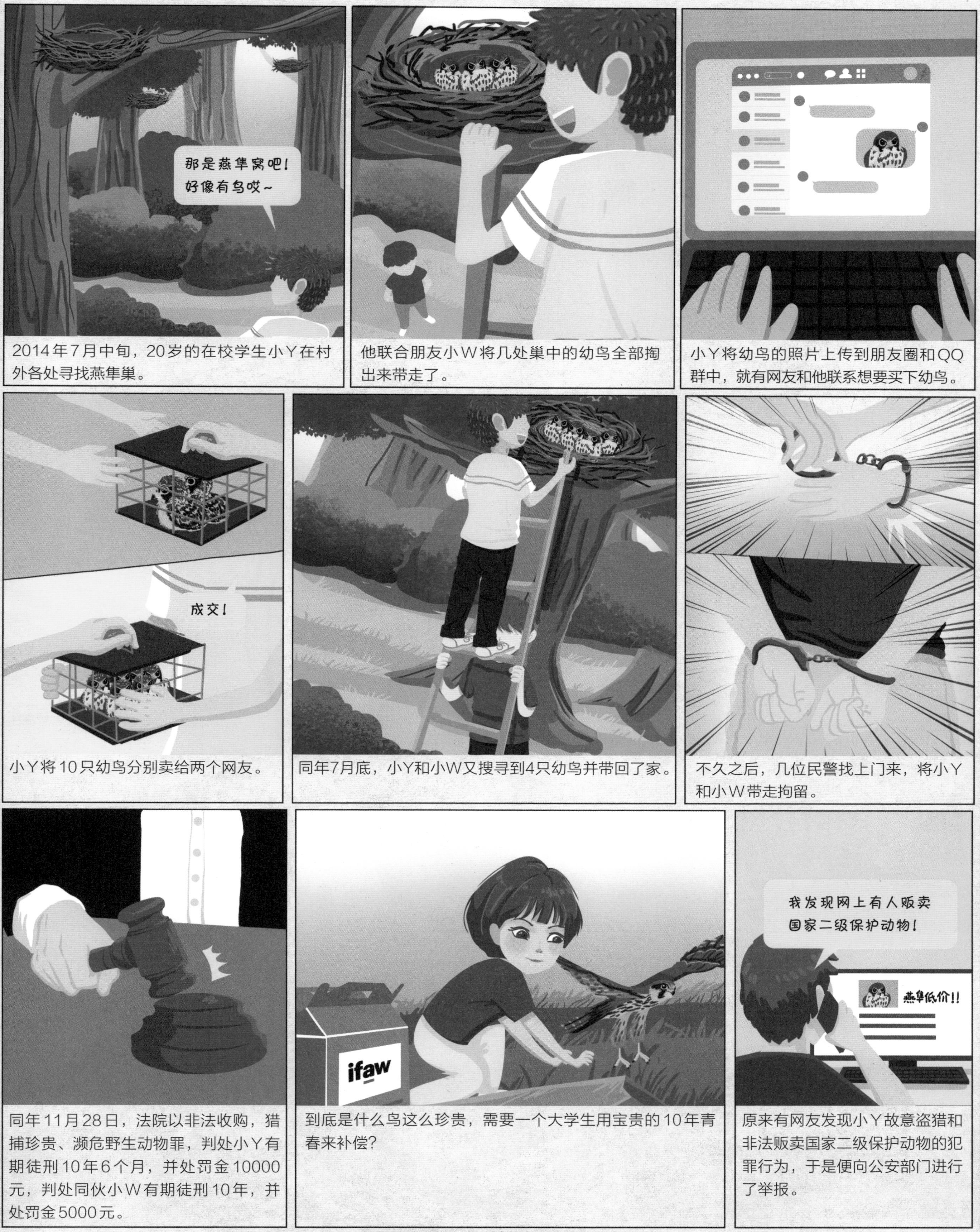

中华人民共和国刑法

第三百四十一条　第一款　非法猎捕、杀害国家重点保护的珍贵、濒危野生动物的，或者非法收购、运输、出售国家重点保护的珍贵、濒危野生动物及其制品的，处五年以下有期徒刑或者拘役，并处罚金；情节严重的，处五年以上十年以下有期徒刑，并处罚金；情节特别严重的，处十年以上有期徒刑，并处罚金或者没收财产。

万里迁徙——红脚隼

	中文名	学名
物种	红脚隼（hóng jiǎo sǔn）	*Falco amurensis*
科	隼科	Falconidae

物种英文名 Eastern Red-footed

国家二级重点保护野生动物

CITES 附录Ⅱ

红脚隼是迁徙距离最长的猛禽之一，每年秋天从亚洲东北部迁徙到非洲南部，次年春天再迁飞回来。

80 70 60 50 40 30 20 10 0
60 50 40 30 20 10 0
单位：厘米
♂97~155克
♀111~188克

♀
♂
我们属于小型猛禽，一般栖息在山脚平原、沼泽、草地、山谷和农田等开阔生境中，偶尔喜欢站立在电线上。
我们主要以蝗虫、蟋蟀、蜻蜓等昆虫为食，有时也捕食鸟类、蜥蜴、鼠类等小型脊椎动物，经常会聚集成几十只的大群一同捕食昆虫。

别伤害我，
这里归你了！

每年5—7月是我们的繁殖期，我们喜欢强占喜鹊的巢穴，中国古代《诗经》中曾提到“维鹊有巢，维鸠居之”，这句诗中的“鸠”指的就是我们。

咱们俩的宝贝！

我们每窝产卵4~5枚，卵为椭圆形，表面呈白色，密布着红褐色的斑点。卵的大小约为37×30毫米，卵重14~19克。

亲鸟轮流进行孵卵，整个孵化期为22~23天。孵出后的雏鸟需要由亲鸟共同抚养27~30天后才能飞离巢穴，独自生活。

万里迁徙之路

每年9月，我们会聚集成群，开始从亚洲东北部出发，前往遥远的非洲南部。这一路翻山越岭，漂洋过海，整个旅程长达13000千米。

10月底，我们已经穿越整个中国，到达印度那加兰进行休整，在这里大肆捕食白蚁，补充体力。

在那加兰停留两周，我们要争取将体重增加一倍，为后续的旅程做好充分准备。

11月初，我们到达印度西海岸，趁着东北季风，横跨长达3000千米的阿拉伯海，需要连续飞行三天三夜，主要以反向迁徙的薄翅蜻蜓为食。

当我们抵达非洲东部时，连绵暴雨恰好带来了蜂拥而至的昆虫。我们在这里狂欢聚餐，这里简直成了我们的天堂。

12月，我们终于抵达非洲最南端，此时正是南半球的盛夏，我们会在这里停留两三个月。

次年2月，我们又将沿着来时的路线，重新踏上万里归程。

5月，我们成功回到亚洲东北部繁殖后代，又将开启新一轮生命传奇。

快且灵活——灰背隼

	中文名	学名
物种	灰背隼（huī bèi sǔn）	*Falco columbarius*
科	隼科	Falconidae

物种英文名 Merlin

国家二级重点保护野生动物

CITES 附录 Ⅱ

灰背隼兼具了隼的快速和鹰的灵活，可以在复杂的森林中快速穿梭捕食，可谓“生存多面手”。

我喜欢生活在开阔的森林里，也常在海拔2000米以下的低山丘陵、山脚平原、海岸等地方出现。

我喜欢追捕小型鸟类、啮齿类、两栖爬行类动物。我在低空直线飞行时快如闪电，常常用这种方式直线突击小雀。

呜呜呜~
这窝搭得不错，归我了。

我特别喜欢占用乌鸦、喜鹊及其他鸟类的旧巢，有时自己也营巢。

孩子们，你们要独立生活啦！

我们每次会产下3~4枚蛋宝宝，由我们夫妻二人轮流孵化。雏鸟破壳后，我们会亲自抚养25~30天，之后它们就得独立生活了。

幼鸟经常在空中追逐、攻击飞舞的羽毛、蒲公英花序、萝藦(mó)种子及其他有绒毛的种子，为将来的捕猎生涯做准备。

致命的脚垫病

我被人非法饲养过很长时间，那时候我不得不长时间在笼子里生活，由于不能经常飞翔，站在不合适的平面上，脚部磨伤并感染，肿得有原来三四倍那么厚，好疼啊！
！脚垫病

我迈不开腿
我不想张嘴

如果得不到及时治疗，我脚上的创伤会越来越大，腐烂会渐渐深入，轻则影响我的进食、行走、身体护理等日常生活，重则会导致脓毒血症，会致命的。

啊？不会吧，我是不是没治了？

后来，我被接到猛禽救助中心，康复师们细致、耐心地为我疗伤。

治疗过程

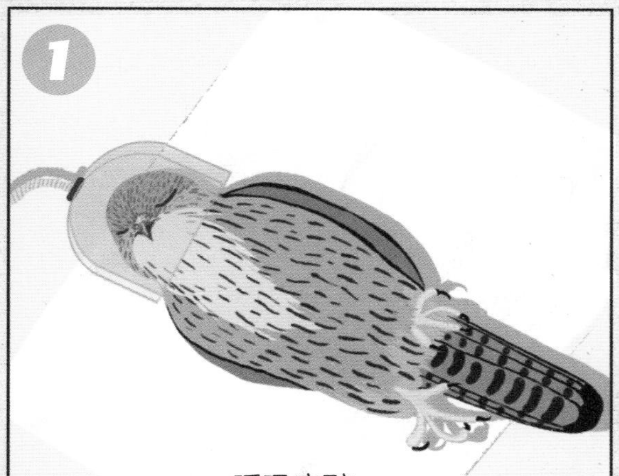
呼吸麻醉。

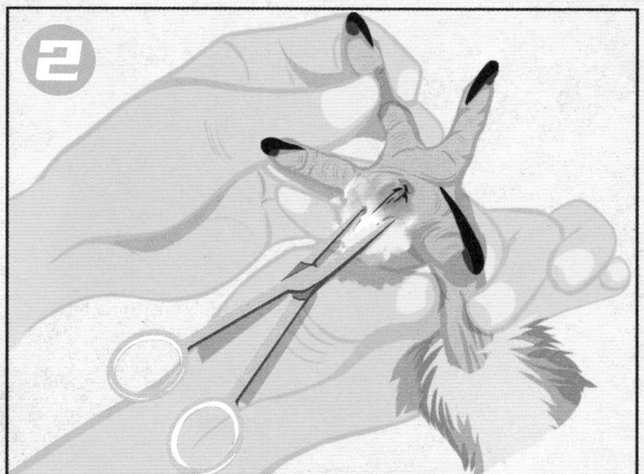
用棉签从伤口中清创去脓

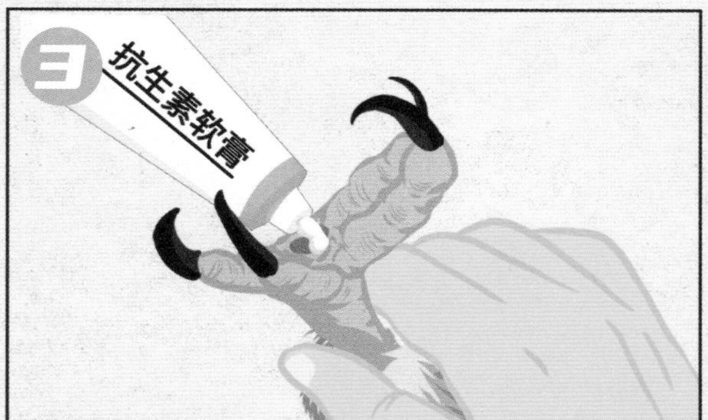

先用碘伏消毒，再用抗生素软膏涂抹伤口并盖上无菌敷料。

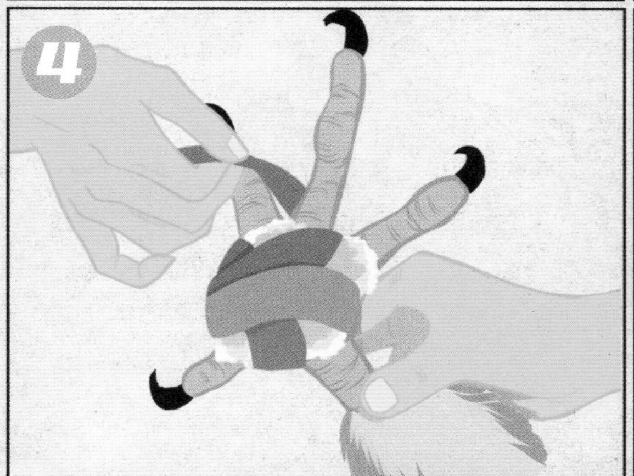
用塑胶或棉花垫在脚底进行球形包扎。

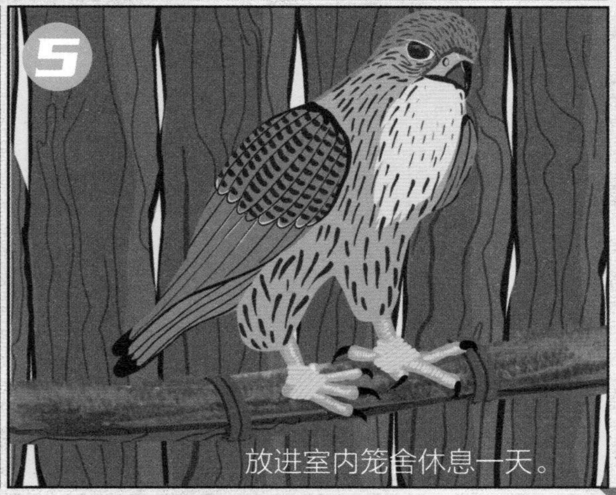
放进室内笼舍休息一天。

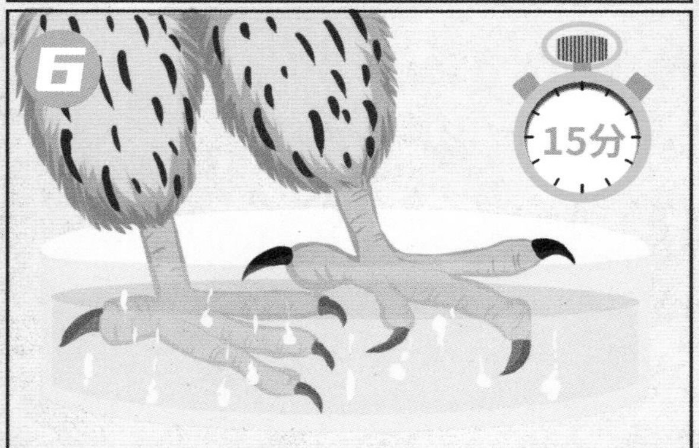

拆开绷带后，使用醋酸氯己定溶液进行15分钟的足浴。

再次上药，进行包扎，放回室内笼舍。

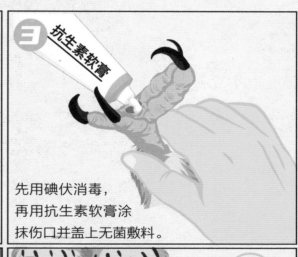

以上过程每隔一天实施一次，重复将近一年或者更长时间，每天还需要口服抗生素和止疼药，我才痊愈。

空中战斗机——游隼

	中文名	学名
物种	游隼（yóu sǔn）	*Falco peregrinus*
科	隼科	Falconidae

物种英文名 Peregrine Falcon

国家二级重点保护野生动物

CITES 附录Ⅱ

游隼是世界上飞行速度最快的鸟类，在俯冲时的速度可以达到320千米~380千米/小时，相当于全速前进的高铁列车的速度。

⚥ 647~825克

单位：厘米

俯冲过程

❶ 在低空或陆地发现猎物后，立即冲到高处，给予自身充足的俯冲空间，从而占据制高点。

❷ 扇动翅膀逐渐加快速度，通过不停地转动身体来找到最佳的攻击角度。

❸ 当身体姿态调整好后，游隼会折叠双翼，让飞羽与身体构成纵轴的平行状态，然后将脖子缩短，就此摆出攻击架势。

❹ 从高处俯冲下来，极速靠近猎物。

❺ 伸出爪子，用冲击力刺穿猎物身体，这样快速有力的打击令大部分猎物都难以抵挡。

我们俯冲时的最快速度纪录达到了

108米/秒 = 388.8千米/小时

亲爱的，这喜鹊窝不错，咱们就住这儿吧！
你歇会儿，换我孵吧！

我们喜欢用枯枝、草茎和草叶等材料在人类难以到达的悬崖峭壁上搭窝，也会利用其他鸟的旧巢，有时候一个花盆就够了。

我们的卵是砖红色的，还有暗红褐色斑点。每窝通常产卵2~4枚。

孵化宝宝时，我们夫妻会轮流参与，孵化期为28~29天。

宝宝出壳后，需要被抚养35~42天后离巢，离巢的幼鸟会有模拟捕猎行为。

被人去掉的“尖”

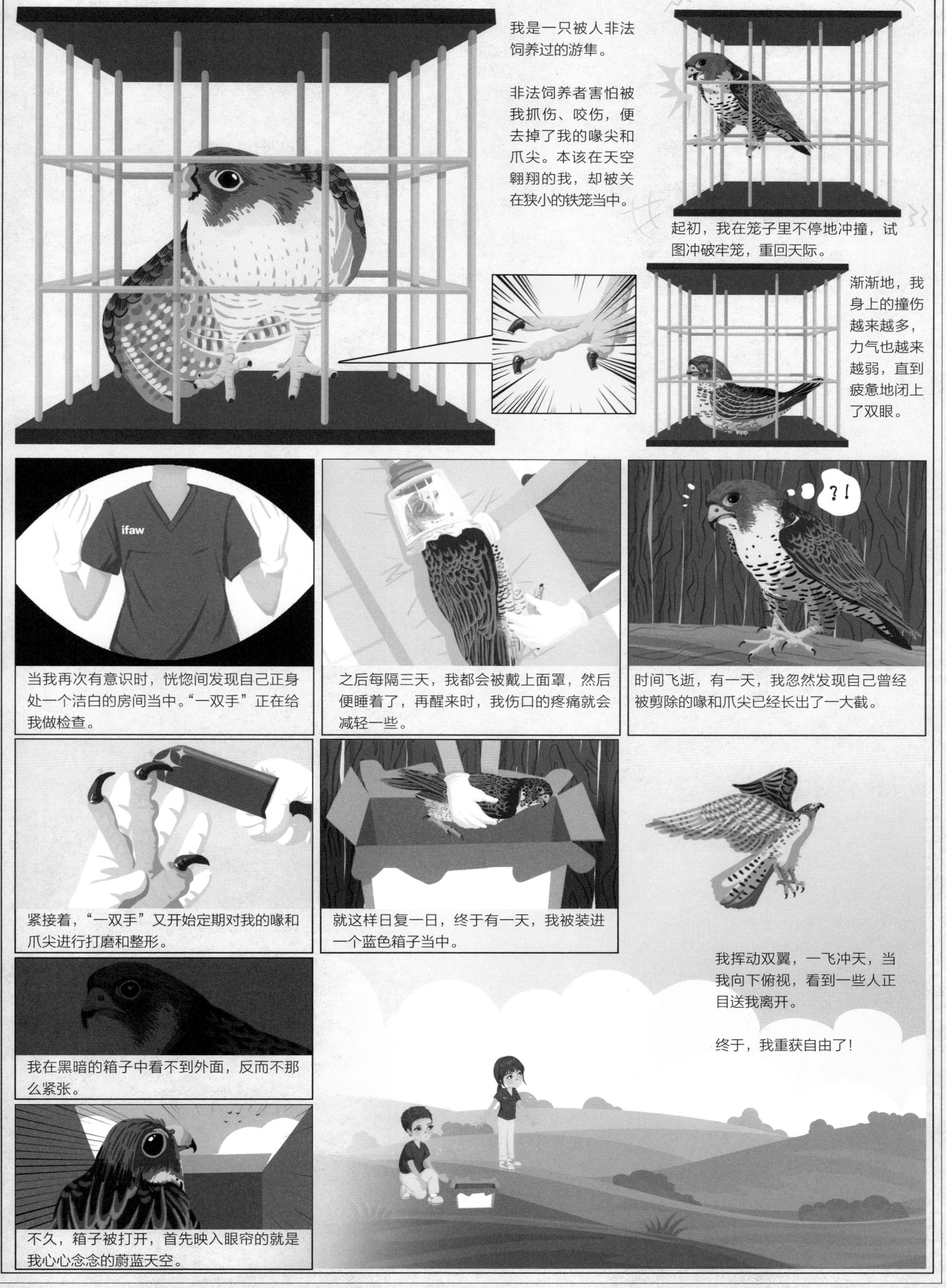
我是一只被人非法饲养过的游隼。
非法饲养者害怕被我抓伤、咬伤，便去掉了我的喙尖和爪尖。本该在天空翱翔的我，却被关在狭小的铁笼当中。
起初，我在笼子里不停地冲撞，试图冲破牢笼，重回天际。
渐渐地，我身上的撞伤越来越多，力气也越来越弱，直到疲惫地闭上了双眼。
ifaw
当我再次有意识时，恍惚间发现自己正身处一个洁白的房间当中。“一双手”正在给我做检查。
之后每隔三天，我都会被戴上面罩，然后便睡着了，再醒来时，我伤口的疼痛就会减轻一些。
?!
时间飞逝，有一天，我忽然发现自己曾经被剪除的喙和爪尖已经长出了一大截。
紧接着，“一双手”又开始定期对我的喙和爪尖进行打磨和整形。
就这样日复一日，终于有一天，我被装进一个蓝色箱子当中。
我在黑暗的箱子中看不到外面，反而不那么紧张。
不久，箱子被打开，首先映入眼帘的就是我心心念念的蔚蓝天空。
我挥动双翼，一飞冲天，当我向下俯视，看到一些人正目送我离开。
终于，我重获自由了！

一群差点消失的游隼

1970年，野生游隼被列为美国濒危物种。

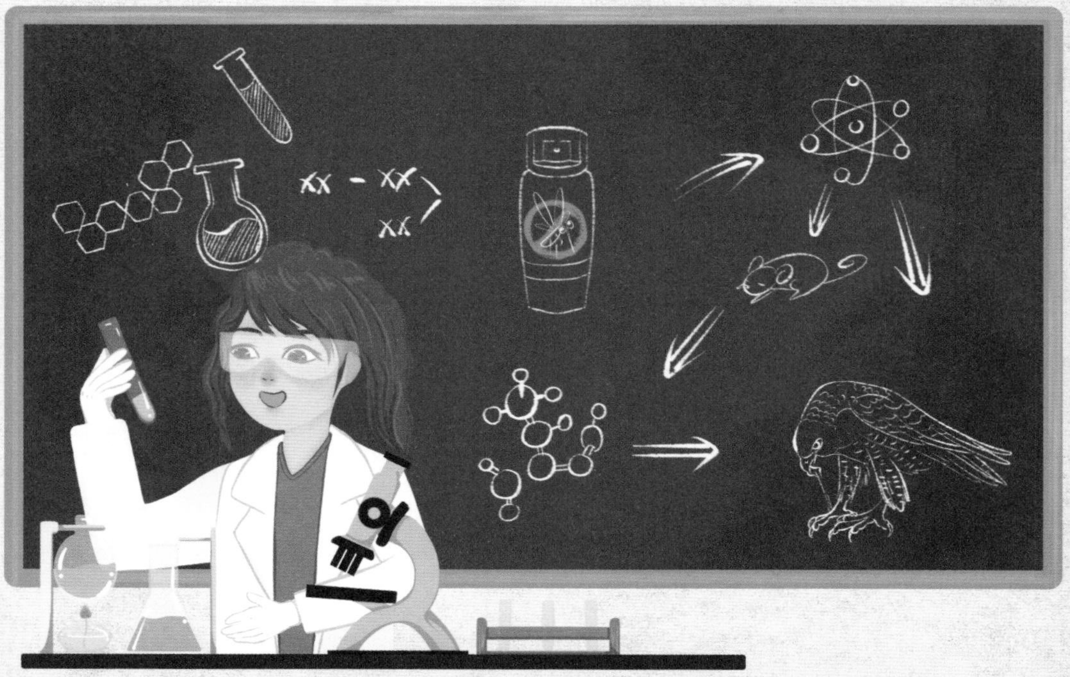

科学家研究发现，导致游隼数量锐减的元凶竟然是农业杀虫剂——DDT。农业大规模使用DDT后，DDT会通过鼠类、鸟类等食物进入游隼体内。

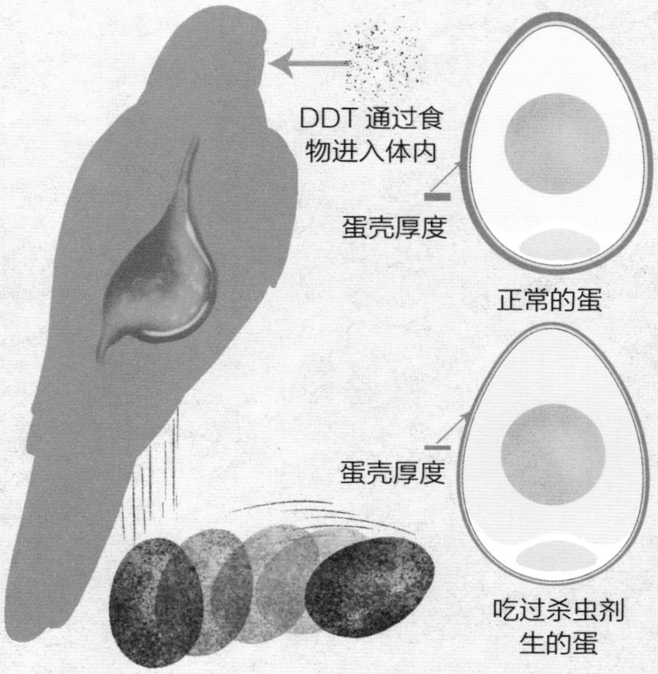

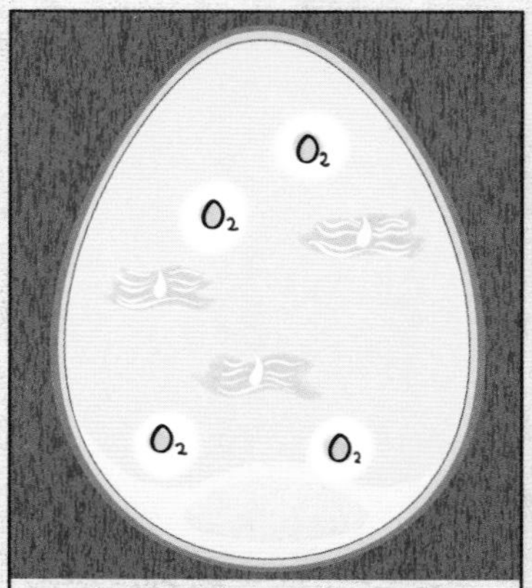

一方面，变薄后的蛋壳无法正常调控蛋壳内的氧气与湿度。

另一方面，在亲鸟孵化过程中，这些蛋经常会因承受不住亲鸟体重而破碎。

这两方面的因素直接影响了游隼的孵化成功率，造成了游隼数量的锐减。

1972年，美国政府宣布全面禁止使用DDT。

游隼基金会也正式启动了游隼人工繁育项目。

首先，科学家尝试用“假蛋”将薄壳易碎的游隼蛋调包，将游隼夫妻蒙在鼓里。

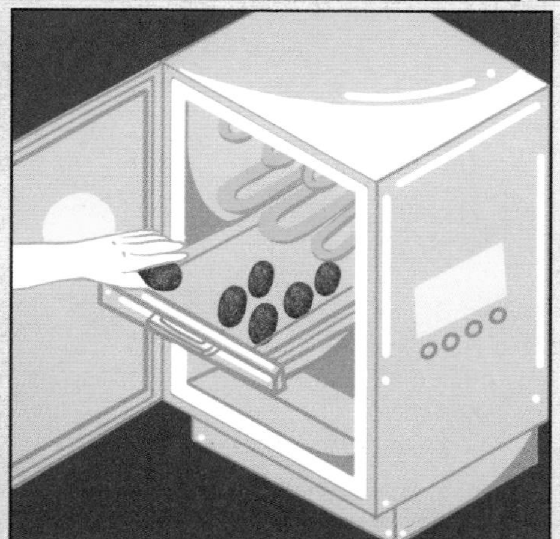

再使用孵化箱进行人工孵化，以此来增加孵化成功率。

当雏鸟成功孵化后，就会被立即归还给它的父母进行养育。

另外，科学家还专门针对无法自然繁殖的圈养游隼进行了人工繁殖。
由科学家戴着专用的帽子来诱导公游隼进行交配。
提取精液
再给雌鸟人工授精……
再通过人工授精的方式让母游隼受精、产卵、孵化出雏鸟。
雏鸟在成功孵化之后，会被优先送到野外的游隼巢中，由野生游隼将它们养大。
由于野生游隼的繁殖巢穴有限，那些无“家”可归的雏鸟将由工作人员在保护性接触的条件下暂养。
当这些雏鸟能够自行啄食时，就会被送到搭建在山体岩壁或高台上的野化巢中成长。
在此期间，为了避免雏鸟将人类误认为亲鸟，工作人员需要尽量减少与它们面对面接触，只能通过管道把食物投送到巢中。
游隼幼鸟在羽翼丰满之后，就会离开巢穴独自生存。
后来，科学家为了提高雏鸟成活率，尝试将野化巢安置在城市高层建筑的天台上。
啊！是游隼！
野化巢里长大的游隼们从小就开始适应城市生活，每日穿梭于高楼大厦之间。当地人足不出户就能欣赏到游隼的身姿，双方逐渐培养出一种融洽的相处模式。
濒危物种名录
游隼
1970 年
濒危物种
一键删除
加拿大
美国
墨西哥
1999年，游隼正式从美国濒危物种名录中移除。如今，美国、加拿大和墨西哥已有2000~3000对野生游隼在自由地翱翔。

鹰式生境

鹰形目猛禽分布在地球上除南极洲外的每一个大陆，沙漠、森林、沼泽地、高山、海滨都有鹰的踪迹。所有的鹰都是白天猎食，夜晚休息。鹰科动物的种类很多，有鹰、鹫、鸢（yuān）、鹞（yào）、鵟、雕等。

海拔 5000 米
海拔 4000 米
海拔 3000 米
海拔 2000 米
海拔 1000 米
海平面 0 米
秃鹫
我平时喜欢在低山丘陵、高山荒原等地单独活动，偶尔也会和同类伙伴在食物丰富的地方组成小群。
黑鸢
我生活在开阔草原、低山丘陵、城郊田地、湿地海边以及海拔5000米左右的高原区域，平时喜欢在高空中一边翱翔，一边发出类似吹哨的鸣叫声。
灰脸鵟鹰
我一般出没于中低海拔的森林地带，相对较长的尾部可以帮助我灵活地穿梭于林地环境。
金雕
我一般出没于裸岩山地、高山林地，偶尔也会在开阔林地、旷野草原等地现身。
鹗
我一般生活在河流、湖泊、水库、海岸等鱼类丰富的水域，经常单独或成对活动，只在迁徙期间偶尔聚集成小群。
普通鵟
我一般生活在山地森林、山脚平原和草原地区，冬季时节也会在开阔的城郊田地和旷野荒地现身。
苍鹰
我拥有短圆的翅膀和较长的尾羽，可以及时调节速度和改变方向，轻松穿梭于树林中追捕猎物。
大鵟
我一般生活在山地森林、山脚平原和草原地区，有时也会在海拔4000米以上的高原山区活动。
日本松雀鹰
我一般生活在低海拔森林和旷野交接的浅山疏林地带，繁殖期喜欢在空中主动挑衅、攻击其他猛禽。
赤腹鹰
我一般生活在海拔1000米以下的山地森林地带，经常前往村庄农田等平原开阔地觅食。

靴隼雕

我平时生活在中低海拔的山地森林和平原林区地带，较长的尾羽可以保证我在茂密的林地中快速飞行，捕捉猎物。

毛脚鵟

我在繁殖期间一般会出没于极北地区的苔原地带，冬季则会在低山丘陵、山脚平原以及农田等开阔地带现身。

凤头蜂鹰

我一般生活在蜂类昆虫较多的森林地带，有时也会在人类的养蜂场中现身。

白腹鹞

我喜欢居住在芦苇茂密、环境安静的湿地沼泽地带，平时经常贴近水面低空飞行。

雀鹰

我一般出没于松柏混杂的山地森林地带，偏小的体型和较长的尾羽可以帮助我在林间灵活地飞行捕食。

草原雕

我一般生活在开阔的草原、荒漠和丘陵地带，经常将巢穴搭建在悬崖、山顶岩石堆等地。我飞累了经常会在电线杆、地面、树枝上休息。

白尾海雕

我平时喜欢出没于湖泊河流、海岸河口等地带，繁殖期则喜欢在遍布高大乔木的水域附近活动。

大自然的清洁工——秃鹫

	中文名	学名
物种	秃鹫（tū jiù）	*Gyps fulvus*
科	鹰科	Accipitridae

物种英文名 Eurasian Griffon

国家一级重点保护野生动物

CITES 附录 Ⅱ

秃鹫只要长大，就会“脱发”，它的名字——“秃鹫”便由此而来。

300 250 200 150 100 50 0
200 150 100 50 0
♂7000～11500克
♀7500～12500克
单位：厘米

我最喜欢以腐烂动物的尸体为食，只是偶尔会捕捉活着的猎物，因此被称为“大自然的清洁工”。
我们之所以“秃头”，主要是因为在进食时需要经常将头伸进尸体的腹腔，秃头可以保证我们的头部不会在这个过程中沾染上太多的血液。而我脖子上较长的一圈羽毛可以像餐巾一样，防止进食时弄脏身上的羽毛。

谨慎的秃鹫

我的食物主要是动物的尸体，于是我会特别注意那些孤零零地躺在地上的动物。当我独自发现大型动物时会异常谨慎，我先在高空仔细观察对方的动静，有时还会观察很长时间，不会“轻举妄动”。

假如对方在此期间始终一动不动，我就会飞得低一点，近距离察看对方的腹部是否起伏，眼睛是否转动。

倘若对方还是没有一点动静，我就会降落到尸体附近，悄无声息地向对方走去，然后试探性地发出“咕喔”的声音，但随时准备展开双翅起飞。

如果对方毫无反应，我就用喙啄一下尸体，然后迅速跳开。这时如果对方依然没有动静，我才会彻底放心，接下来就是一场专属于我的美食盛宴了。

我不想终生与人相伴

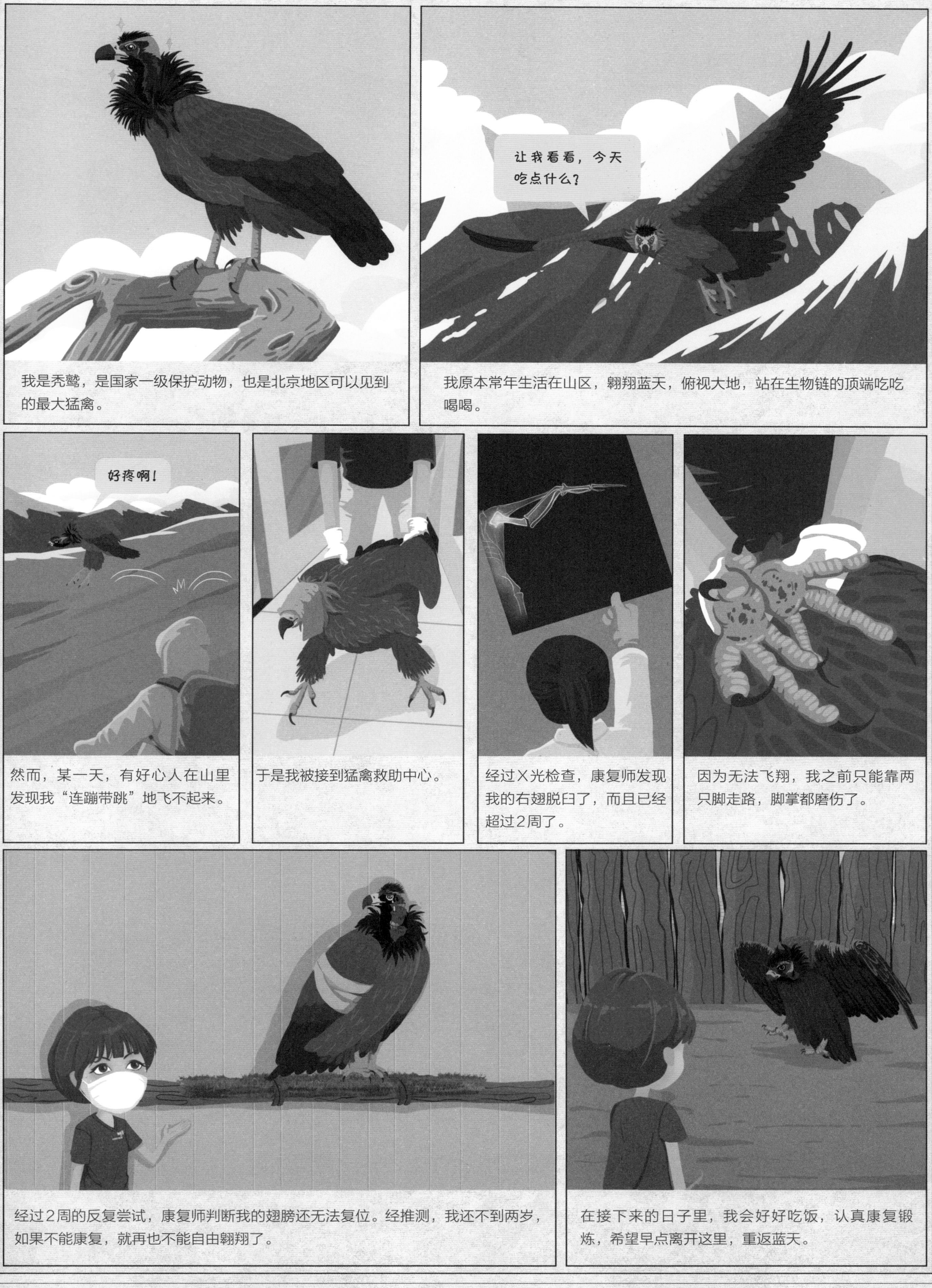
我是秃鹫，是国家一级保护动物，也是北京地区可以见到的最大猛禽。
让我看看，今天吃点什么？
我原本常年生活在山区，翱翔蓝天，俯视大地，站在生物链的顶端吃吃喝喝。
好疼啊！
然而，某一天，有好心人在山里发现我“连蹦带跳”地飞不起来。
于是我被接到猛禽救助中心。
经过X光检查，康复师发现我的右翅脱臼了，而且已经超过2周了。
因为无法飞翔，我之前只能靠两只脚走路，脚掌都磨伤了。
经过2周的反复尝试，康复师判断我的翅膀还无法复位。经推测，我还不到两岁，如果不能康复，就再也不能自由翱翔了。
在接下来的日子里，我会好好吃饭，认真康复锻炼，希望早点离开这里，重返蓝天。

猛禽界第一水将——鹗

	中文名	学名
物种	鹗（è）	*Pandion haliaetus*
科	鹗科	Pandionidae

物种英文名 Osprey

国家二级重点保护野生动物

CITES 附录 Ⅱ

鹗，俗称鱼鹰，主要以水中鱼类为食，因此获得了“猛禽界第一水将”的美誉。

习性与栖息地

当我抓握食物时，第4趾可以向后扭转与第1趾并排，我的跗跖表面和趾下部分布着许多刺状的鳞片，这样的脚趾结构可以帮助我更牢固地抓住食物。

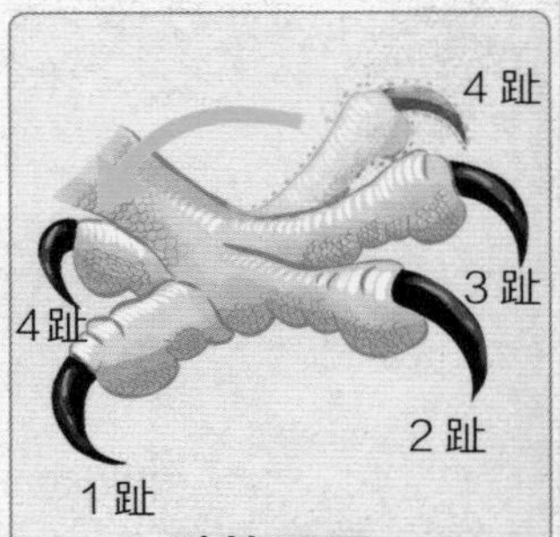

鹗的爪子

鹗的抓鱼姿势

当我在水面上空飞翔时，一旦发现浅水区有游动的鱼类，会马上收紧双翅俯冲进水中，接着用布满鳞片的双脚牢牢抓住滑溜溜的鱼，随后浮出水面，边抖落身上的水珠，边飞向空中。

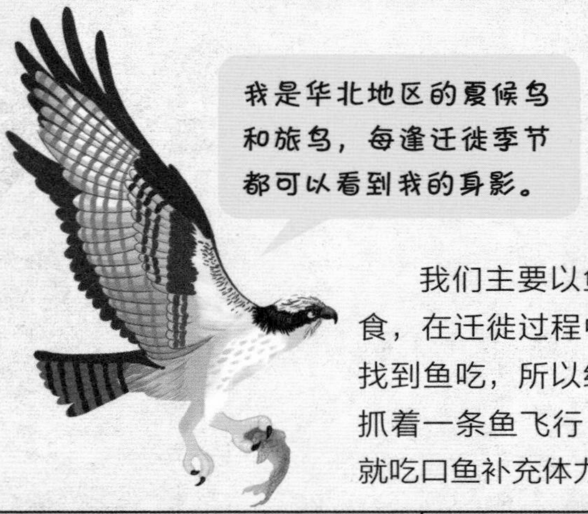

我是华北地区的夏候鸟和旅鸟，每逢迁徙季节都可以看到我的身影。

我们主要以鱼类为食，在迁徙过程中很难找到鱼吃，所以经常会抓着一条鱼飞行，饿了就吃口鱼补充体力。

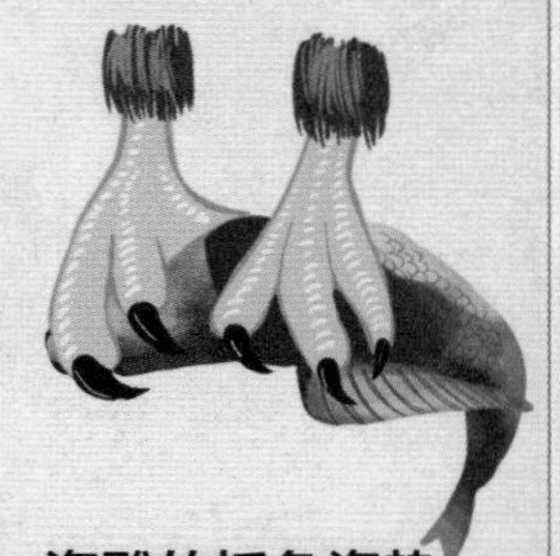
海雕的抓鱼姿势

求偶

我们的繁殖期长短与生活的地区有关，生活在南方一般为2—5月，生活在东北地区一般为5—8月。

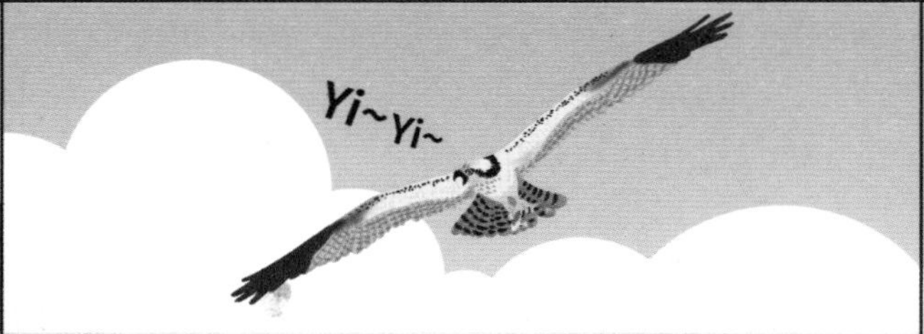

求偶的时候，雄鸟会身体保持倾斜在空中翱翔，一边抓着猎物飞行，一边摇晃着双脚，同时发出一种激昂的叫声。

如果雌鸟同意了它的求婚，就会高声应和，并与雄鸟一起上下翻飞。

营巢

我们一般会将巢穴搭建在水边的树冠、悬崖或岩石上。巢穴主要用粗大的树枝、灌木枝和枯草等堆积而成，内部铺垫一些树皮、枯草、羽毛和碎纸，使用期限可达10年。我们每年都会对巢进行修理，补充新的巢材，因此巢的结构比较庞大。

我们每窝产卵2～3枚，卵的形状为椭圆形，颜色为灰白色，表面分布着红褐色斑点。整个孵卵期为32～40天，亲鸟轮流参与孵卵，但以雌鸟为主。雏鸟在孵出后会由亲鸟共同喂养，大约经过42天后才能离巢。

落水的大鸟

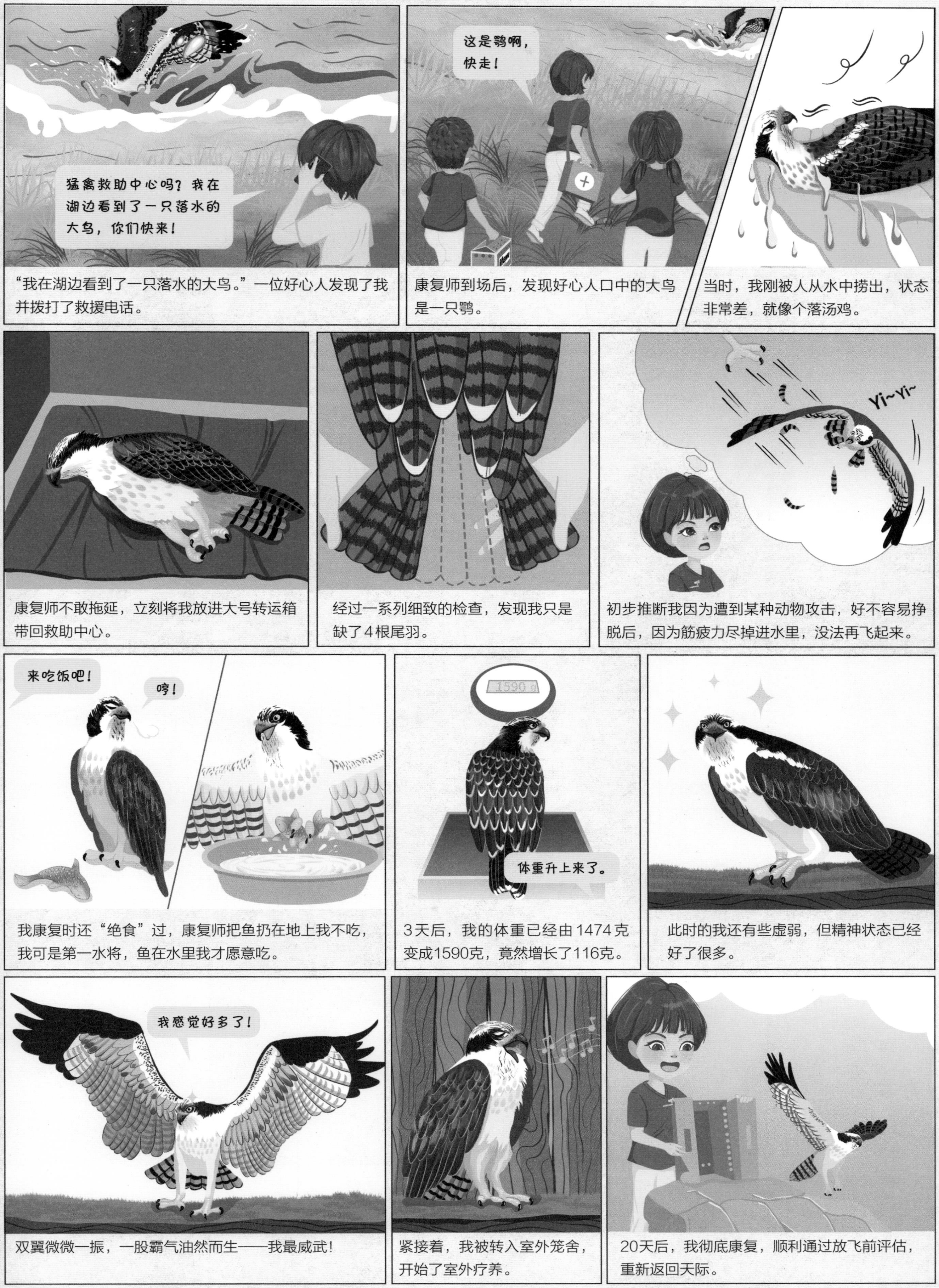
猛禽救助中心吗？我在湖边看到了一只落水的大鸟，你们快来！
“我在湖边看到了一只落水的大鸟。”一位好心人发现了我并拨打了救援电话。
这是鹗啊，快走！
康复师到场后，发现好心人口中的大鸟是一只鹗。
当时，我刚被人从水中捞出，状态非常差，就像个落汤鸡。
康复师不敢拖延，立刻将我放进大号转运箱带回救助中心。
经过一系列细致的检查，发现我只是缺了4根尾羽。
Yi~Yi~
初步推断我因为遭到某种动物攻击，好不容易挣脱后，因为筋疲力尽掉进水里，没法再飞起来。
来吃饭吧！
哼！
我康复时还“绝食”过，康复师把鱼扔在地上我不吃，我可是第一水将，鱼在水里我才愿意吃。
1590 g
体重升上来了。
3天后，我的体重已经由1474克变成1590克，竟然增长了116克。
此时的我还有些虚弱，但精神状态已经好了很多。
我感觉好多了！
双翼微微一振，一股霸气油然而生——我最威武！
紧接着，我被转入室外笼舍，开始了室外疗养。
20天后，我彻底康复，顺利通过放飞前评估，重新返回天际。

猛禽之王——金雕

	中文名	学名
物种	金雕（jīn diāo）	*Aquila chrysaetos*
科	鹰科	Accipitridae

物种英文名 Golden Eagle

国家一级重点保护野生动物

CITES 附录Ⅱ

金雕因头颈部长着金黄色的羽毛而得名，体态雄伟，性情凶猛，主要以大中型鸟类和兽类为食，有着“猛禽之王”的美誉。

250
200
150
100
50
0
150
100
50
0
♀ 3000~6125克
单位：厘米

我喜欢在白天活动，平时都是单独或成对出入，只有在冬季才会偶尔聚集，一起捕捉较大的猎物。
我经常在高山的岩石峭壁或空旷地区的高大树木上休息，在荒山、灌丛等处捕食。

雏鸟
幼鸟
成鸟

我们雕是大型猛禽，寿命普遍较长，从雏鸟出壳到成年需要经历7年的时间。在这个漫长的成长过程中，我身上的羽毛也会不停地发生变化：从幼鸟到亚成鸟期间，我双翼和尾羽下存在3块白斑，这3块白斑的面积会随着年龄增长而逐渐减小，直至消失。

我在捕食之前，通常会在高空中一边呈直线或圆圈状盘旋，一边俯视地面寻找猎物。

一旦我发现猎物，就会从天而降，并在接近猎物的瞬间通过扇动翅膀止住身形，然后牢牢地抓住猎物的要害，将利爪戳进猎物体内，使其立即毙命。

我们雕的婚姻关系也非常稳定，除非遇到一方意外死亡或一方丧失繁殖能力的情况，否则一对金雕夫妻是会长相厮守的。

我们喜欢使用旧巢，一般会沿用好几年，并且每年都会定期添加巢材和修整，这就会让巢穴变得越来越大，有的老巢直径可达3米，高度可达5米，重量可达上百千克。

我们每窝产卵2枚，偶尔也会出现1枚或3枚的情况。卵呈青灰白色，表面分布着红褐色斑点和斑纹，大小为（74~78）毫米×（57~60）毫米。

第一枚卵产出后，我们夫妻会轮流孵卵，孵化期长达45天。雏鸟在孵出后，需要经过亲鸟共同抚育约80天才可以离开巢穴。

大王很脆弱

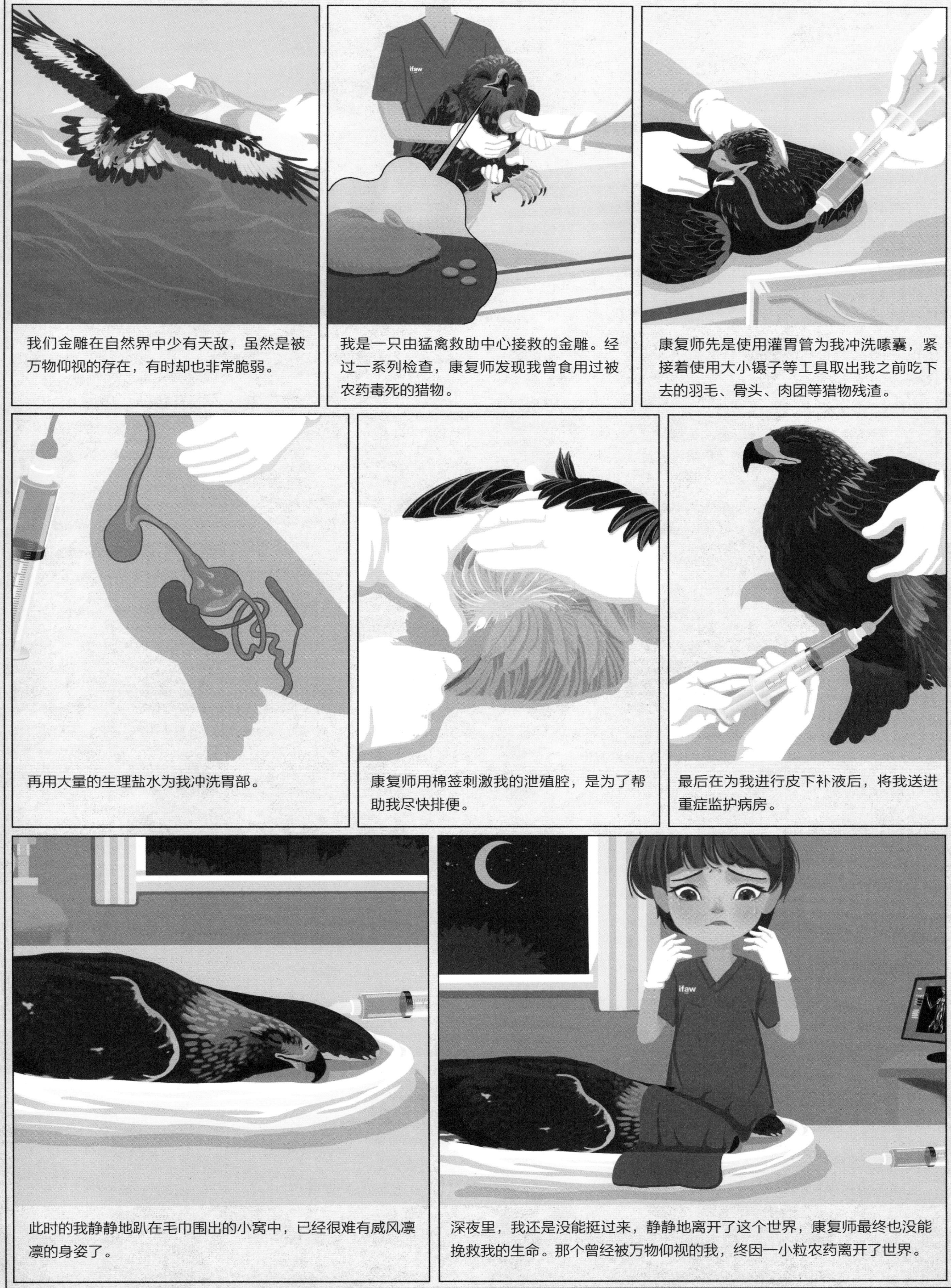
我们金雕在自然界中少有天敌，虽然是被万物仰视的存在，有时却也非常脆弱。
ifaw
我是一只由猛禽救助中心接救的金雕。经过一系列检查，康复师发现我曾食用过被农药毒死的猎物。
康复师先是使用灌胃管为我冲洗嗉囊，紧接着使用大小镊子等工具取出我之前吃下去的羽毛、骨头、肉团等猎物残渣。
再用大量的生理盐水为我冲洗胃部。
康复师用棉签刺激我的泄殖腔，是为了帮助我尽快排便。
最后在为我进行皮下补液后，将我送进重症监护病房。
此时的我静静地趴在毛巾围出的小窝中，已经很难有威风凛凛的身姿了。
ifaw
深夜里，我还是没能挺过来，静静地离开了这个世界，康复师最终也没能挽救我的生命。那个曾经被万物仰视的我，终因一小粒农药离开了世界。

真的很大——大鵟

	中文名	学名
物种	大鵟（dà kuáng）	*Buteo hemilasius*
科	鹰科	Accipitridae

物种英文名 Upland Buzzard

国家二级重点保护野生动物

CITES 附录Ⅱ

大鵟是中国体型最大的鵟类，也因此而得名。

习性与栖息地

我们飞翔时两翼鼓动较慢，常在中午暖和的时候在空中作圆圈状翱翔。
Mi Mi~
我们大鵟有几种色型，淡色型、暗色型和中间型等，其中以淡色型较为常见。
我们的叫声比普通鵟拖得更长且带鼻音。

我们喜欢住在山地、山脚平原和草原等地，也会出现在高山林缘和开阔的山地草原与荒漠地带，以及垂直分布高度超过4000米的高原和山区。我们强健有力，能捕捉野兔及雪鸡，平时喜欢单独或成小群活动。

我们主要以蛙、蜥蜴、野兔、蛇、黄鼠、鼠兔、旱獭、雉鸡、石鸡等为食。我们的觅食方式主要是通过在空中飞翔寻找，或者站在地上和高处等待猎物。捕到蛇后，我们会抓着蛇飞到300米以上的空中，伸直双腿和爪，将蛇撒开，让它跌落而下，然后俯冲并再次将蛇抓到空中，这样反复几次，直到蛇失去反抗的能力，再降落到地面上慢慢吃掉它。

生育繁殖

我们的繁殖期在每年的5—7月，通常营巢于悬崖峭壁或树上，巢的附近大多有小的灌木掩护。巢呈盘状，可以多年利用，但每年都要对巢材进行补充，因此，使用年限较为长久的巢的直径可达1米。巢主要由干树枝构成，里面垫有干草、兽毛、羽毛、碎片和破布等。

我们产卵通常是2～4枚，偶尔也多至5枚，卵的颜色为淡赭黄色，有红褐色和鼠灰色的斑点，以钝端较多。孵化期大约30天，鸟宝宝属于晚成性，孵出后由我们夫妻共同抚育大约45天，然后离巢飞翔，进行独自觅食的生活。

大病痊愈，出国成家

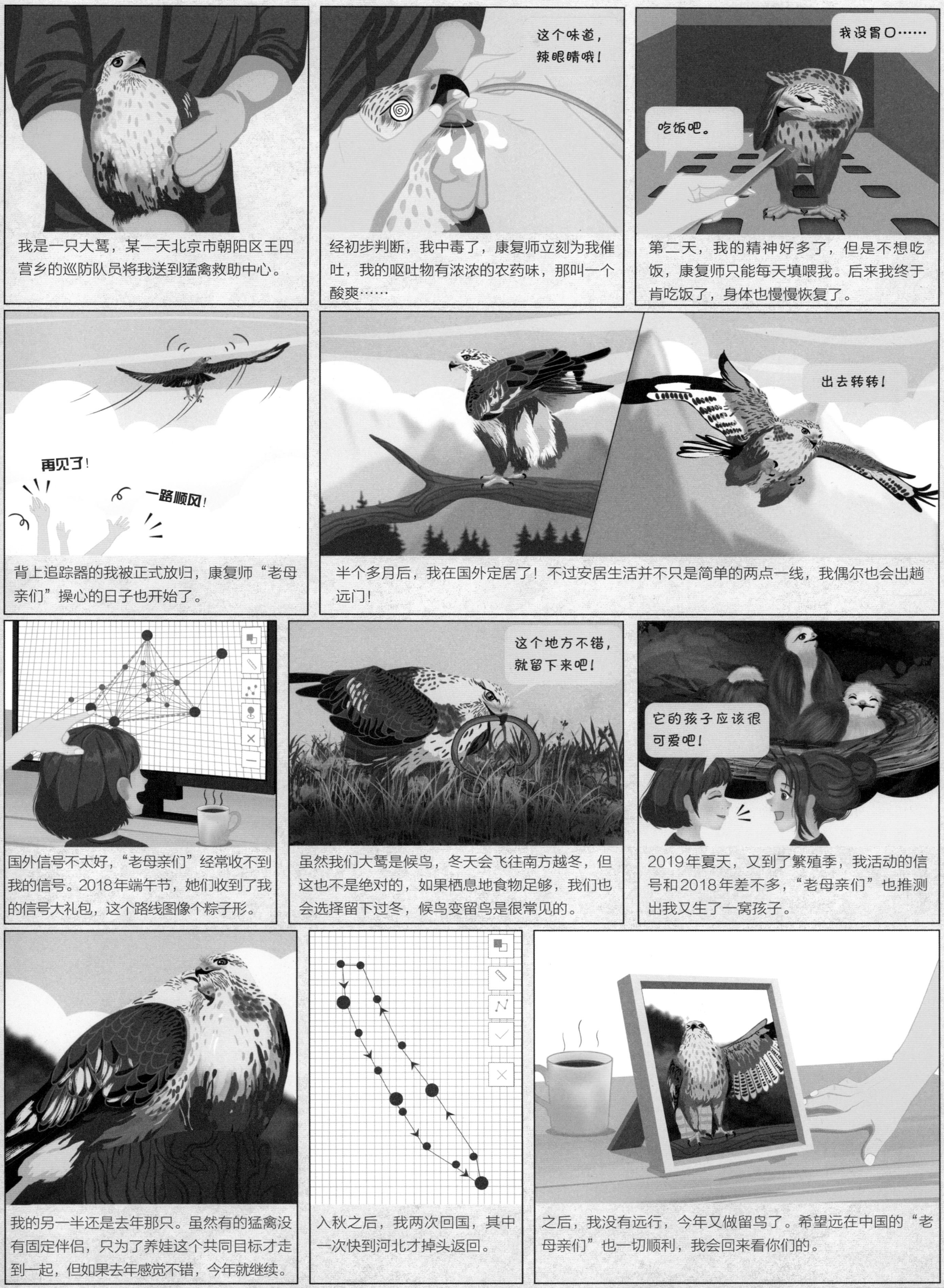
我是一只大鵟，某一天北京市朝阳区王四营乡的巡防队员将我送到猛禽救助中心。
这个味道，辣眼睛哦！
经初步判断，我中毒了，康复师立刻为我催吐，我的呕吐物有浓浓的农药味，那叫一个酸爽……
我没胃口……
吃饭吧。
第二天，我的精神好多了，但是不想吃饭，康复师只能每天填喂我。后来我终于肯吃饭了，身体也慢慢恢复了。
再见了！
一路顺风！
背上追踪器的我被正式放归，康复师“老母亲们”操心的日子也开始了。
出去转转！
半个多月后，我在国外定居了！不过安居生活并不只是简单的两点一线，我偶尔也会出趟远门！
国外信号不太好，“老母亲们”经常收不到我的信号。2018年端午节，她们收到了我的信号大礼包，这个路线图像个粽子形。
这个地方不错，就留下来吧！
虽然我们大鵟是候鸟，冬天会飞往南方越冬，但这也不是绝对的，如果栖息地食物足够，我们也会选择留下过冬，候鸟变留鸟是很常见的。
它的孩子应该很可爱吧！
2019年夏天，又到了繁殖季，我活动的信号和2018年差不多，“老母亲们”也推测出我又生了一窝孩子。
我的另一半还是去年那只。虽然有的猛禽没有固定伴侣，只为了养娃这个共同目标才走到一起，但如果去年感觉不错，今年就继续。
入秋之后，我两次回国，其中一次快到河北才掉头返回。
之后，我没有远行，今年又做留鸟了。希望远在中国的“老母亲们”也一切顺利，我会回来看你们的。

林中隐士——苍鹰

	中文名	学名
物种	苍鹰（cāng yīng）	*Accipiter gentilis*
科	鹰科	Accipitridae

物种英文名 Northern Goshawk

国家二级重点保护野生动物

CITES 附录 II

苍鹰是体型最大的中国鹰属猛禽，在林地和灌丛中鲜有对手，也是宋代大文豪苏轼在即兴创作的词句“左牵黄，右擎苍”中提到过的物种。

当我发现猎物时，先凭借快速灵活的飞行技巧展开追击，接近猎物的一瞬间，就以迅雷不及掩耳之势捕捉猎物，猎物基本上会被一击致命。随后，我喜欢把猎物带回隐蔽的树上慢慢享用。

两大撒手锏
短圆的翅膀利于我在狭窄复杂的林地环境中穿梭，较长的尾羽则可以帮助我更好地急停和改变方向。

可以做我的另一半吗？
好啊，我愿意。

当我们在天空成对翻飞、相互追逐并不断鸣叫时，就说明我们已经完成择偶了。

我们一般选择在森林僻静处的高大树木上筑巢，使用树木枝叶和少量羽毛作为筑巢材料。

我要孵28～38天哦！

我们每窝产卵3～4枚，鸟妈妈会整日卧于巢内孵化，在此期间不鸣叫。

雏鸟出生后，雌鸟会将食物撕成小块或小条投喂，雄鸟除捕食外，一般会在巢穴附近守护。

求偶

巢直径 60～80 厘米

卵重约 36g，约 45 毫米 ×38 毫米大，呈椭圆形，浅鸭蛋青色

雏鸟大约孵化 35 天才会离巢

环境感染的霉菌病

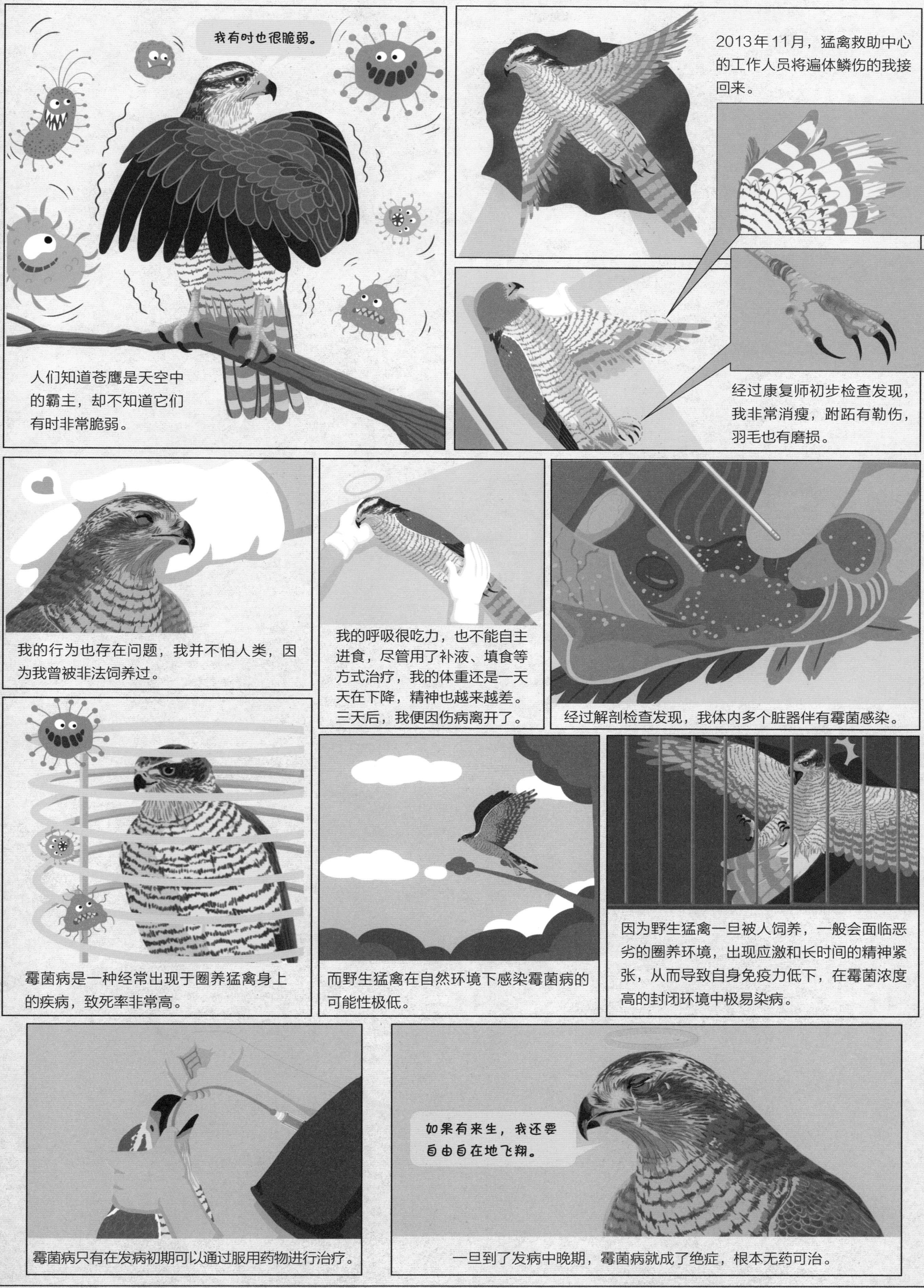
我有时也很脆弱。
人们知道苍鹰是天空中的霸主，却不知道它们有时非常脆弱。
2013年11月，猛禽救助中心的工作人员将遍体鳞伤的我接回来。
经过康复师初步检查发现，我非常消瘦，跗跖有勒伤，羽毛也有磨损。
我的行为也存在问题，我并不怕人类，因为我曾被非法饲养过。
我的呼吸很吃力，也不能自主进食，尽管用了补液、填食等方式治疗，我的体重还是一天天在下降，精神也越来越差。三天后，我便因伤病离开了。
经过解剖检查发现，我体内多个脏器伴有霉菌感染。
霉菌病是一种经常出现于圈养猛禽身上的疾病，致死率非常高。
而野生猛禽在自然环境下感染霉菌病的可能性极低。
因为野生猛禽一旦被人饲养，一般会面临恶劣的圈养环境，出现应激和长时间的精神紧张，从而导致自身免疫力低下，在霉菌浓度高的封闭环境中极易染病。
霉菌病只有在发病初期可以通过服用药物进行治疗。
如果有来生，我还要自由自在地飞翔。
一旦到了发病中晚期，霉菌病就成了绝症，根本无药可治。

喜欢住在地上——白腹鹞

	中文名	学名
物种	白腹鹞（bái fù yào）	*Circus spilonotus*
科	鹰科	Accipitridae

物种英文名 Eastern Marsh Harrier

国家二级重点保护野生动物

CITES 附录Ⅱ

白腹鹞只有成年雄性才具备“白色腹部”这个特征，而雌鸟和亚成鸟的腹部并不白。

飞行

我们不像别的猛禽那样喜欢高空飞行，我们更喜欢在草多的沼泽或芦苇地这种比较开阔的地方擦着植被优雅飞翔。

雄鸟

我是“黑白”相间的，很好辨认！头顶、背部、初级飞羽是黑褐色的，带斑点，其他地方接近白色。

雌鸟

我和雄鸟区别很大，全身基本是暗褐色带锈色纵纹。

尾羽黑色，头顶、枕和喉是黄白色。

觅食

我们一般吃一些小型鸟类、啮齿类、蛙、蜥蜴、小型蛇类和大的昆虫，偶尔也在水面抓一些中小型水鸟，像䴙䴘（pì tī）、野鸭和陆地上的雉类、鹑类等，当然有时也抓野兔之类的换换口味。

营巢

我们会在芦苇丛中营巢，偶尔也在灌丛中营巢。我们会用芦苇把巢做得像个大盘子。

育雏

通常我们每窝能产4~5枚青白色的卵，比柴鸡蛋小点。主要由雌鸟孵卵，33~38天后，全身长满雪白绒羽的鸟宝宝就破壳啦！它们要度过35~40天的巢期生活后才能离巢。

接羽手术

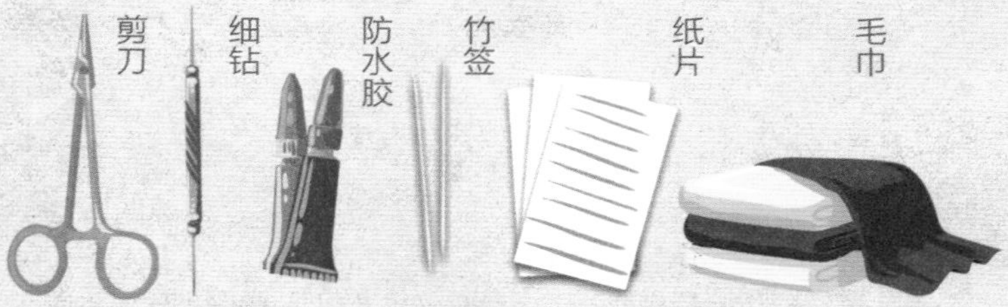

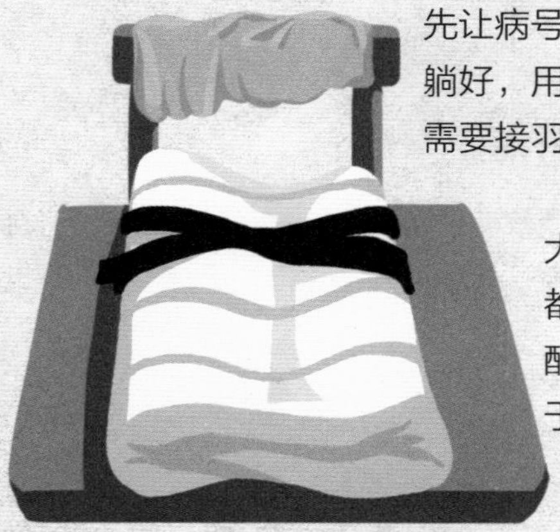

先让病号（受体）在定制的“床”上躺好，用毛巾盖住头部防止紧张，把需要接羽的部分露出来。

大多数鸟类都不需要麻醉，除了过于紧张的鸟。

我是一只羽毛折损的白腹鹞，为了尽量缩短猛禽在人工环境的生活时间，康复师决定从下面的羽毛库中选取与我缺损部位相同位置的羽毛来做我的义羽，为我做一场接羽手术，这些羽毛来自与我年龄相近、性别相同的白腹鹞供体。

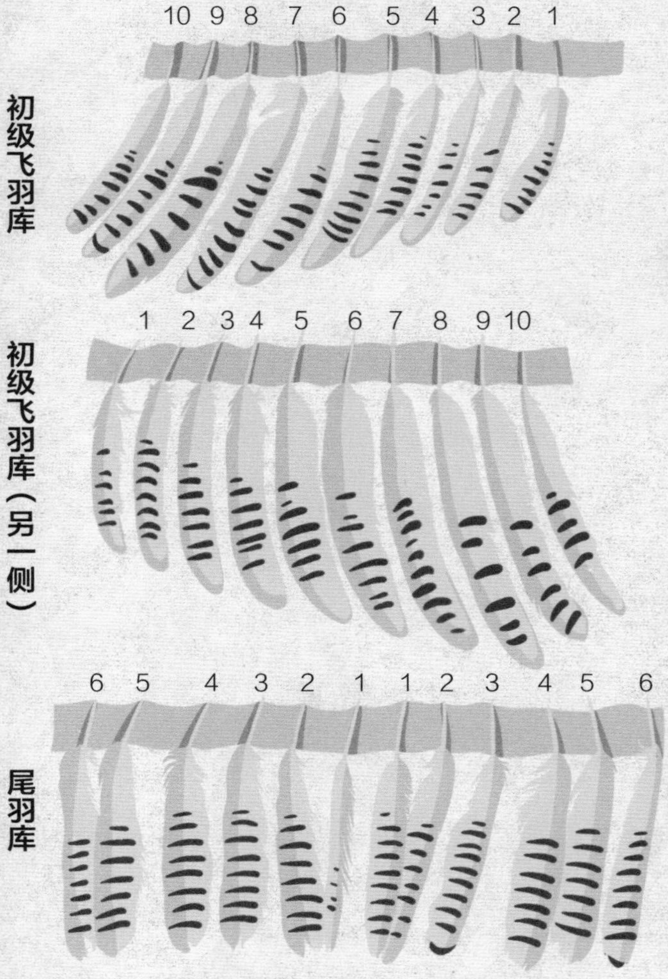

救助中心总会有一些医治无效死亡的猛禽，它们的完整羽毛会被保存进“羽毛库”中，用来给那些已经痊愈，且只因羽毛缺损不能被立刻野外放生的猛禽做接羽手术，以缩短救助时间。

剪 将旧羽毛垂直剪齐，注意不要产生纵向裂痕，并用细钻将旧羽毛的羽轴内清理干净。

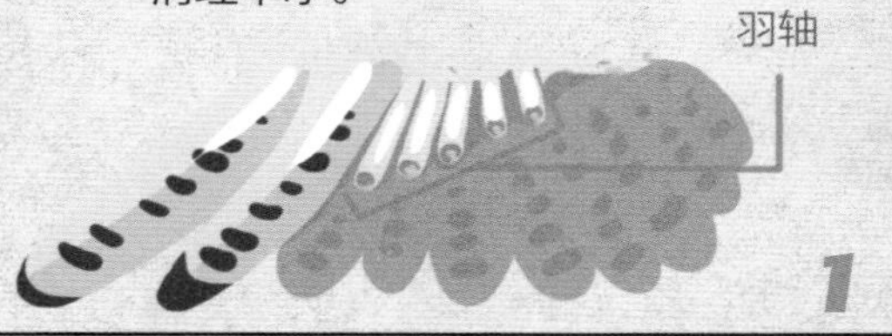

钻 根据受体情况将新羽毛剪切至合适长度，并用细钻将新羽毛的羽轴内清理干净。

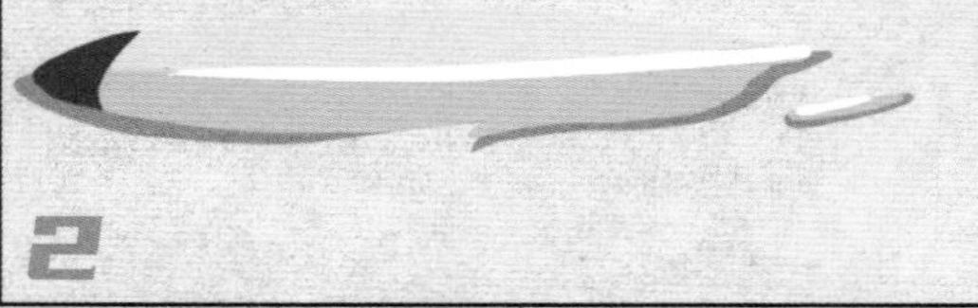

连 去除羽片的羽轴，利用竹签等连接。注意：选择和原有羽毛的重量、弯曲度、强度、粗细、长度尽量一致的义羽。

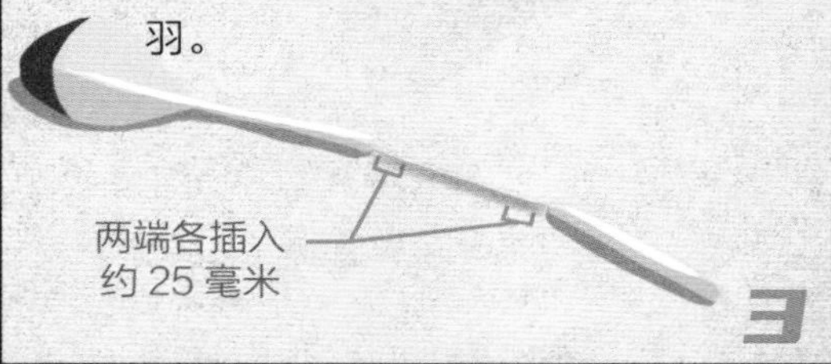

调 用纸片将待接羽毛分隔开，以防止相互粘连，将旧羽、新羽接在一起进行调试。

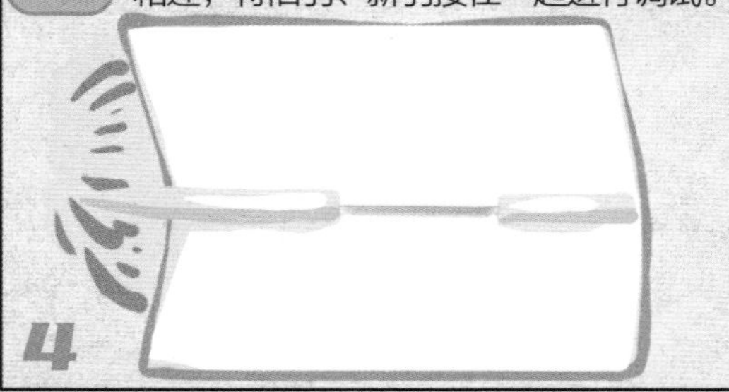

粘 用调好的防水胶将旧羽、新羽通过连接轴粘好，调整好羽毛的角度及方向。

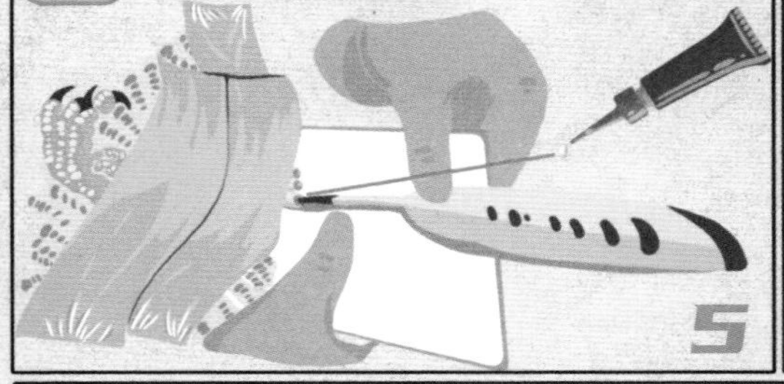

晾 最后去除多余的胶水，并进行干燥处理。

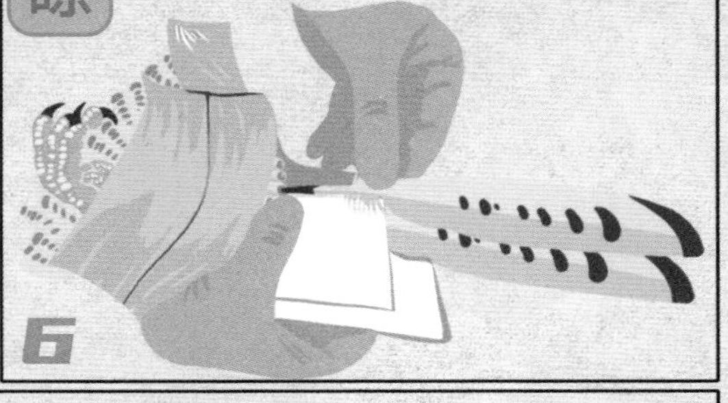

观 整个接羽手术完成后还需要进行24小时的观察。

实施接羽手术是为了尽量缩短猛禽在人工环境里的时间。 7

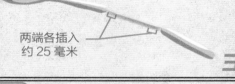

我会放火——黑鸢

	中文名	学名
物种	黑鸢（hēi yuān）	*Milvus migrans*
科	鹰科	Accipitridae

物种英文名 Black Kite

国家二级重点保护野生动物

CITES 附录 Ⅱ

黑鸢就是人们口中常说的老鹰，经常生活在人类活动频繁的乡村、田野等地。

我会放火的名声从哪来？

夏季的澳大利亚气候干燥，树木的油脂多，特别容易发生森林火灾。别的动物看见火都选择逃跑。但我可不怕，因为我是出了名的“火场逆行者”，趁着那些动物四处逃跑的时候，我要去“趁火打劫”。在我看来，这样可以轻松抓到更多“美食”。

或许是“自助餐”太香了，我们甚至学会了主动“纵火”。很久以前就有记录，澳大利亚北部的人看见过我们衔住或者抓住带火苗的木棍，丢在野外的干草丛里，引发火灾，然后同伴们就在上空等待猎物从火中逃出来，然后我们一起去捕食它们。

中国也有关于我的传说，因为我喜欢在白天利用上升气流进行长时间的盘旋飞行，同时发出尖锐的鸣叫声，就像吹哨一样，可以传到很远的地方，中国古人专门用“鸢飞戾（lì）天”这个成语来形容我们飞翔的场景。

如何区别我和其他猛禽？

我们有一个非常明显的特征，那就是尾羽整体呈现中间凹陷的形态，中央尾羽较短，外侧尾羽较长，就像一条鱼尾。这是因为我们平时喜欢在开阔、平坦的地面或水面飞行，这种鱼尾造型的尾羽可以帮助我们灵活地控制身体姿态，在飞行时做出精准的捕食动作。

古代人把风筝叫作纸鸢，就是因为古时很多风筝都借鉴了黑鸢的外形。

繁衍

我们的繁殖期是每年的4—7月。我们一般会将巢址选择在距离地面10米以上的树木或悬崖峭壁上，由我负责运送巢材，妻子则负责筑巢。

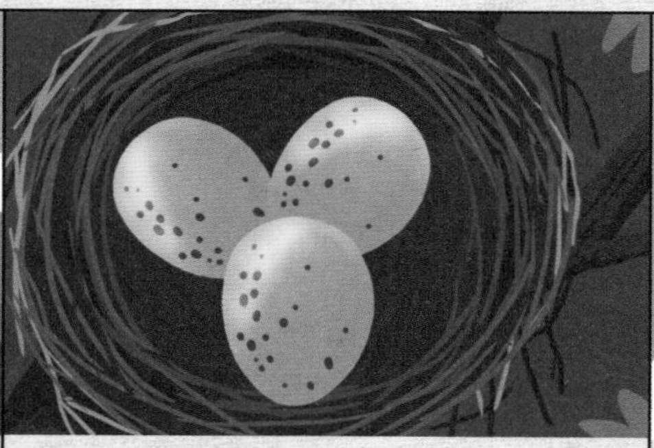

我们每窝通常产卵2~3枚，卵是污白色的近椭圆体，上面有一些血红色的点斑，大小为长53~68毫米，宽41~48毫米，重量大约52克。

接下来，我会和妻子轮流孵卵，整个孵化期长达38天。

雏鸟破壳之后，我们夫妻会共同抚育宝宝42天左右，之后雏鸟就可离巢飞翔了。

我会捕蜂——凤头蜂鹰

	中文名	学名
物种	凤头蜂鹰（fèng tóu fēng yīng）	*Pernis ptilorhynchus*
科	鹰科	Accipitridae

物种英文名 Oriental Honey Buzzard

国家二级重点保护野生动物

CITES 附录 Ⅱ

凤头蜂鹰主要以蜂类幼虫和蜂蛹为食，头顶后方长着一些较短的深色羽冠，看起来就像戴了一尊“凤冠”，因此而得名。

♂750～1280克
♀950～1490克
单位：厘米

凤头蜂鹰迁徙

每年秋天，随着食物的逐渐减少，我们会聚集起来前往气候温暖、食物充足的东南亚地区过冬。在长达两个月的迁徙过程中充满了食物短缺、迷路等各种危险，在海上迁徙时，有经验的老鸟会带领团队避开恶劣天气，同时沿途寻找可以停靠休息的岛屿。如果没有老鸟带领，年轻的凤头蜂鹰可能会冲进毫无落脚点的广阔洋面，最终因体力耗尽坠海而死，科学家曾在海洋鱼类的消化道里发现过猛禽的残骸。

我们也吃其他小型动物，
还会抓小鸟来吃。
我有敏锐的视力和灵敏的嗅觉，
可以很方便地寻找蜂巢
我的头和喙偏细长，这样可以
轻松啄食蜂巢中的食物
在头部和颈部两侧有短而硬的鳞片状
羽毛，可用来抵御蜂类的蜇咬
跗跖短，且皮肤外具有发达的鳞片，确保在抓握或撕
开蜂巢时，不会被疯狂护巢的蜂类蜇伤双脚

我超凶！

我们一般会选择高大的乔木作为巢址，巢距离地面的高度为10～28米，然后用枯枝搭建出一个中间稍微下凹的盘状巢穴，巢中铺垫一些草茎和草叶，有时也会直接利用用鸢或苍鹰等其他猛禽的旧巢作为自己的巢穴。

在每年的5—6月产卵，每窝产卵2～3枚，卵整体呈灰黄色，有红褐色的斑点。接下来就是长达30～35天孵卵期，雏鸟破壳后，还需要经过40～45天的育雏期才可以离巢飞行。

持久战猎手——白尾鹞

	中文名	学名
物种	白尾鹞（bái wěi yào）	*Circus cyaneus*
科	鹰科	Accipitridae

物种英文名 Hen Harrier

国家二级重点保护野生动物

CITES 附录 Ⅱ

白尾鹞，又称灰鹞，这主要因为雌鸟羽毛为褐色，而雄鸟羽毛则为灰蓝色。这种雌鸟与雄鸟在外形羽色上存在的巨大差异，被称为“性二型”现象。

120 110 100 90 80 70 60 50 40 30 20 10 0
100 90 80 70 60 50 40 30 20 10 0
♀ 370~708克
♂ 300~400克
单位：厘米

我有大脸盘，我是鸮！
我也有大脸盘，但我是鹰！
我叫白尾鹞，尽管我和鹰同属于鹰形目，却和它们存在着许多明显的不同。我的面部看起来更加扁平，从某些角度来看，我就像是长了一张“大饼脸”。
我一般栖息在平原上的湖泊沼泽、农田和芦苇塘等开阔地带，非常喜欢沿着地面低空飞行。
我主要以小型鸟类、鼠类、蛙、蜥蜴和大型昆虫等为食。一直秉承着“早起的鸟儿有虫吃”的原则，我最喜欢在清晨活动和觅食，心情好的时候还会发出非常洪亮的鸣叫声。

繁衍

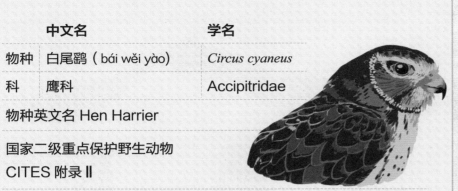

辛苦了~
亲爱的~

我们的繁殖期是每年的4—7月，起初我会在天空中追逐喜欢的伴侣，进行求偶飞行。

求偶成功后，我们会将巢穴营建在干枯的芦苇丛、草丛或灌木丛中，整个巢主要用芦苇、蒲草、细枝等材料搭建而成，整体呈浅盘状。

我们每窝会产下4~5枚卵，刚产下的卵一般为淡绿色或白色，表面分布着红褐色的斑点。整个孵卵期一般为29~31天。

破壳而出的雏鸟，浑身长着较短的白色绒羽。过了一段时间，我会和妻子交替外出觅食。雏鸟通常在35~42天后才能够离巢。

草原勇士和海空霸主——草原雕、白尾海雕

	中文名	学名
物种	草原雕（cǎo yuán diāo）	*Aquila nipalensis*
科	鹰科	Accipitridae

物种英文名 Steppe Eagle

国家一级重点保护野生动物

CITES 附录 Ⅱ

草原雕经常会抢劫兔猻（sūn）等草原小兽捕捉到的食物，又称为“草原飞霸王”。

	中文名	学名
物种	白尾海雕（bái wěi hǎi diāo）	*Haliaeetus albicilla*
科	鹰科	Accipitridae

物种英文名 White-tailed Sea Eagle

国家一级重点保护野生动物

CITES 附录 Ⅱ

白尾海雕因纯白色的尾羽而得名，最突出的外形特征就是“嘴大”。

白尾海雕一般栖息在湖泊沼泽、江河沿海等开阔地带，主要以鱼类、鸟类以及中小型哺乳动物为食。

好汉也架不住围攻啊！
我作为大型猛禽本应该称霸一方，却在与灰鹤的较量中吃了大亏。灰鹤也喜欢栖息在湖泊沼泽等开阔地带，为了争夺食物，我们经常爆发冲突。
灰鹤的体重和我不相上下，它的一双大长腿恰好可以抵御我的利爪。同时它们一般都会组成5~10只的小团体，一旦我对一只灰鹤久攻不下，马上就会受到其他灰鹤的围攻。
兄弟们，上！

我们都很“鵟”——普通鵟、毛脚鵟、灰脸鵟鹰

	中文名	学名
物种	普通鵟（pǔ tōng kuáng）	*Buteo japonicus*
科	鹰科	Accipitridae

物种英文名 Eastern Buzzard

国家二级重点保护野生动物

CITES 附录 Ⅱ

普通鵟号称鵟属猛禽中的模样典型，因性情凶猛又俗称“土豹子”。

普通鵟在迁徙季节常常会组成几百只的大群，在高空盘旋前进，观鸟人称之为“鹰柱”。此时也会有很多其他的猛禽跟普通鵟混群迁徙。只要食物充足，普通鵟在迁徙期间对别的鵟都比较友好。

	中文名	学名
物种	毛脚鵟（máo jiǎo kuáng）	*Buteo lagopus*
科	鹰科	Accipitridae

物种英文名 Rough-legged Buzzard

国家二级重点保护野生动物

CITES 附录 Ⅱ

毛脚鵟因脚趾覆盖着丰厚的羽毛而得名。

	中文名	学名
物种	灰脸鵟鹰（huī liǎn kuáng yīng）	*Butastur indicus*
科	鹰科	Accipitridae

物种英文名 Grey-faced Buzzard

国家二级重点保护野生动物

CITES 附录 Ⅱ

灰脸鵟鹰既长着类似鵟属猛禽的平直翅膀，也长着类似鹰属猛禽的长尾巴，加上灰色的脸颊，因此而得名。

每年清明时节，我们会聚集起来一起迁徙，在飞翔时会发出响亮的鸣叫声，这种声音听起来就像是一群人在哭泣。
chit-kwee~
chit-kwee~
我叫灰脸鵟鹰，我喉部洁白，分布着一条醒目的黑色中线条纹。
为了适应山林地带这种复杂的生境，我进化出“似鹰似鵟”的模样，可谓是集鵟、鹰强项于一身的生存多面手。

迷你“小”鹰

	中文名	学名
物种	雀鹰（què yīng）	*Accipiter nisus*
科	鹰科	Accipitridae

物种英文名 Eurasian Sparrow Hawk

国家二级重点保护野生动物

CITES 附录Ⅱ

雀鹰俗称鹞子，体长32~40厘米，外形像缩小版的苍鹰，雌鸟体型大约是雄鸟的两倍。

	中文名	学名
物种	赤腹鹰（chì fù yīng）	*Accipiter soloensis*
科	鹰科	Accipitridae

物种英文名 Chinese Goshawk

国家二级重点保护野生动物

CITES 附录Ⅱ

赤腹鹰体长26~36厘米，和“楼上的”雀鹰、“楼下的”日本松雀鹰的体型都和鸽子差不多，但是体重比鸽子轻。

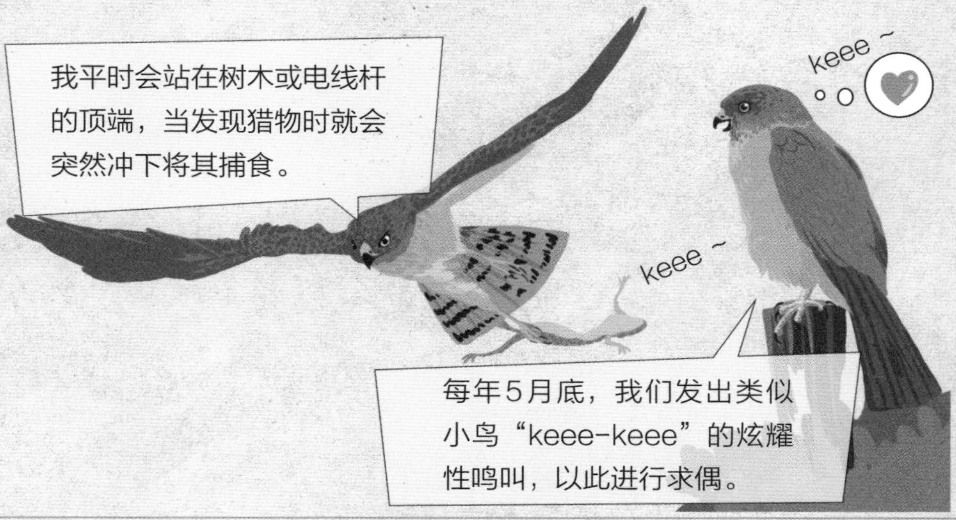

	中文名	学名
物种	日本松雀鹰（rì běn sōng què yīng）	*Accipiter gularis*
科	鹰科	Accipitridae

物种英文名 Japanese Sparrow Hawk

国家二级重点保护野生动物

CITES 附录Ⅱ

日本松雀鹰体长25~34厘米，与赤腹鹰外形较为相似，只不过其模式物种在日本命名，因此而得名。

	中文名	学名
物种	靴隼雕（xuē sǔn diāo）	*Hieraaetus pennatus*
科	鹰科	Accipitridae

物种英文名 Booted Eagle

国家二级重点保护野生动物

CITES 附录Ⅱ

靴隼雕体长45~54厘米，是目前中国雕类猛禽中体型最为娇小的一种。

上面的都是迷你小鹰，我是迷你小雕。
我肩部有两块显著的白色斑块，好似一对“车灯”。

在中国长达数千年的历史当中，鹰作为一种猛禽，一直与猛兽并列，被赋予了神秘的色彩，它们曾是原始部落崇拜的图腾和大神的化身，象征着权势、威猛、英雄、胜利，代表着王者风范和无畏气概。

陶鹰鼎

1957年，陶鹰鼎出土于陕西省华县太平庄的一座成年女性墓葬，被鉴定为6000多年前的仰韶文化陶器，现收藏于中国国家博物馆。

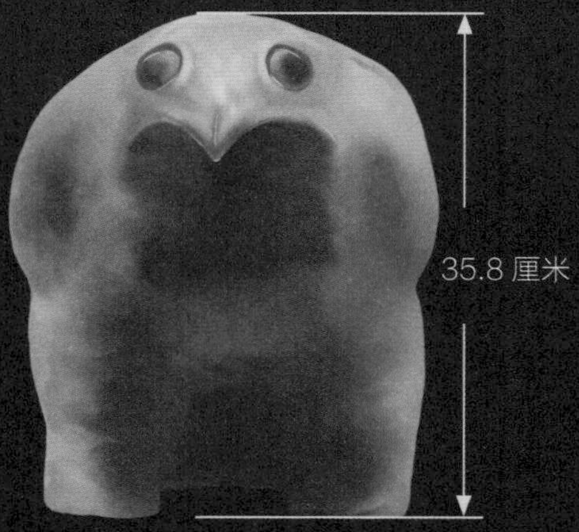
35.8 厘米

正视图

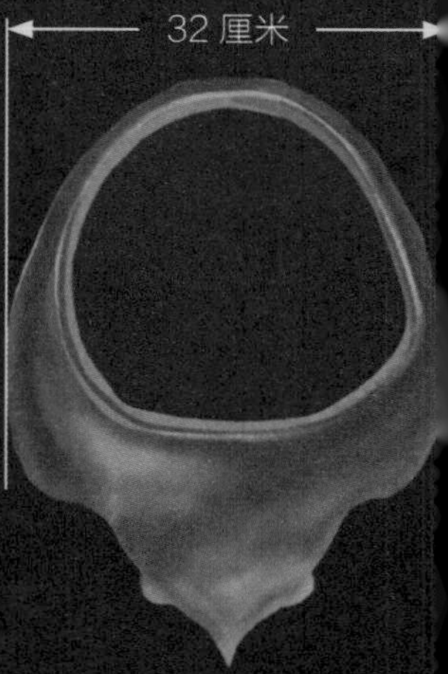
32 厘米

俯视图

- 外形像一只站立的大鹫。
- 鼎口位于背部与两翼之间，巧妙地将双目圆睁、粗壮雄健的动物美感和鼎形器物特征融为一体。
- 突出体现了猛禽的形神特征，具有非常高的艺术价值。
- 这件富有鹰元素的器物彰显着权势和威严，由此可见，它的主人身份并不普通，应该在当时拥有着较高的地位。

“鹏”

战国时期，思想家庄子曾在《逍遥游》中提到“鹏”这种神鸟，它有着巨大的体型和极强的飞行能力，这可能是庄子在现实生活中观察雕、鹫等大型鹰形目猛禽后获得的灵感，表现了古人对翱翔天空的向往和对鹰这种“天空霸主”的崇拜。

北冥有鱼，其名为鲲。鲲之大，不知其几千里也；化而为鸟，其名为鹏。鹏之背，不知其几千里也；怒而飞，其翼若垂天之云。是鸟也，海运则将徙于南冥。

《逍遥游》

鹰顶金冠饰

中国原始社会早期的许多中原部落都将鹰作为图腾，后来这些部落组成华夏联盟，集合了不同部落图腾元素的“龙”便成为整个华夏民族的图腾，“鹰”也至此远离中原地区，逐渐成为草原民族的图腾。1972年，内蒙古杭锦旗阿鲁柴登匈奴墓中出土了200多件匈奴金银器，其中的鹰顶金冠饰是这批文物中最具代表性的珍品，史学界普遍认为它是匈奴最高统治者单于的王冠，也是迄今为止的唯一“胡冠”。

由冠顶和冠带两部分组成，冠高7.3厘米，冠带长30厘米，周长60厘米，总重1394克
冠顶上站立着一只展翅欲飞的雄鹰，整个冠饰描述了雄鹰鸟瞰狼羊咬斗、弱肉强食的场景
冠饰上浮饰着四只狼和四只盘角羊组成的咬斗图案

文物中的鹰

攫蛇铜鹰

安徽寿县朱家集
楚王墓出土

鹰形铜铃

三星堆遗址
二号祭祀坑出土

战国铜鹰首 yi 匜

山东临淄
商王墓出土

鹰头形青铜权杖首

甘肃兰州
永登县出土

鱼鹰

三星堆铜神树
枝头的立鸟

商代玉鹰

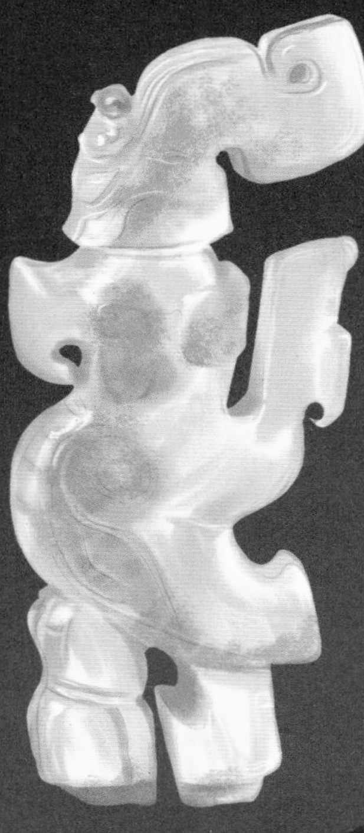

山西曲沃县
晋侯墓地出土

飞吧！猛禽

救援电话响了！

否

如果伤病动物不属于猛禽，就会推荐相关专业救助机构。

先判断需要救助的动物是否属于猛禽。

是

无须救治

如果“当事鸟”身体健康，行动无碍，我们一般不会进行人为干预。

沟通、确认“当事鸟”的状态，判断是否需要救治。

需要救治

接收

如果“当事鸟”确实存在伤病，需要救治，康复师会迅速前往事发地点，尽快接救伤病猛禽。在大多数情况下，都会选择出车前往接救。

同时鼓励发现者主动送救，以此来节省宝贵的救治时间。

救助流程

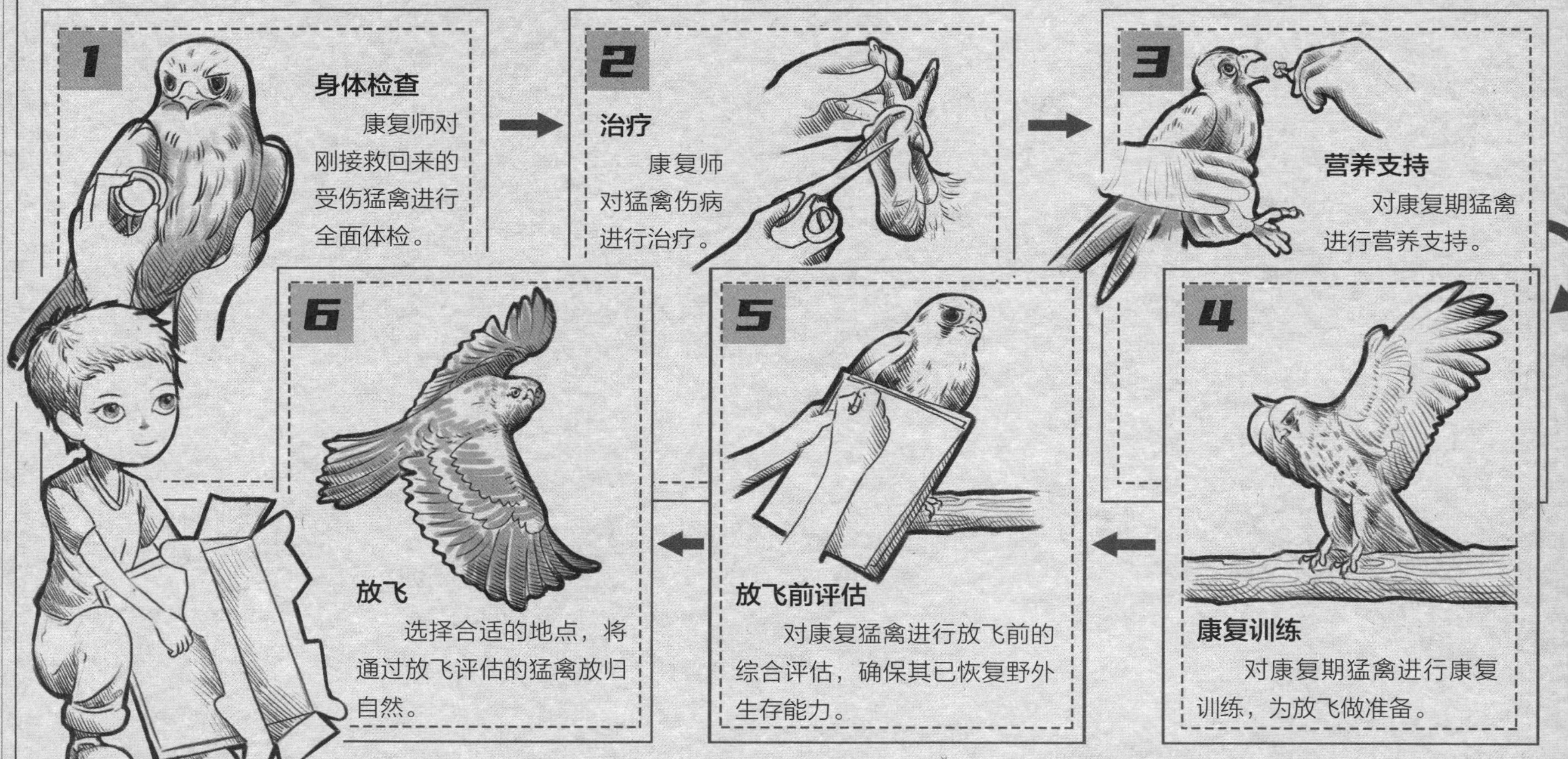

1
身体检查
康复师对刚接救回来的受伤猛禽进行全面体检。
2
治疗
康复师对猛禽伤病进行治疗。
3
营养支持
对康复期猛禽进行营养支持。
4
康复训练
对康复期猛禽进行康复训练，为放飞做准备。
5
放飞前评估
对康复猛禽进行放飞前的综合评估，确保其已恢复野外生存能力。
6
放飞
选择合适的地点，将通过放飞评估的猛禽放归自然。

什么样的猛禽需要救助？

人为直接伤害类

包括经历过非法盗猎、买卖等过程的伤病猛禽，人为饲养后被弃养“放生”的猛禽，以及公安或海关等执法部门收缴罚没的猛禽等。

人为间接伤害类

主要是指因人类居住地扩张或环境污染等原因，间接导致失去栖息地的猛禽，包括迁徙途中缺乏食物体力透支的猛禽，以及碰撞玻璃幕墙致伤的猛禽等。

自然原因类

包括因传染病治病的猛禽，被其他动物攻击致伤的猛禽及落巢的猛禽等。

你想成为一名猛禽康复师吗？先来认识一下康复师吧！

我们来自动物研究和保护领域的相关专业，我们爱动物，爱鸟，爱猛禽。我们的工作随时感受世间的善恶美丑，也要承受生离死别。

医生

我们要能拿起手术刀给猛禽做手术，还要会给它们修指甲、修喙、接羽毛。

演讲

我们要当培训师，不仅给其他救助人员培训，还要做一些公益演讲。

裁缝

我们有时需要手工制作布袋，这能让猛禽在体检中尽量避免受惊扰，有助于尽快完成体检。

写稿

我们经常要将工作当中的案例和汇报资料做成幻灯片去展示和讲解。

病例

我们能把每只救助的猛禽病例编写清晰并归档。

木工

我们会锯木头给鸟做栖架。

另外，我们还有一个共同的特点——**有力气。**

康复师有一个重要的衡量标准：

具有举起并移动20千克重物的体力。

为什么是20千克呢？

❶ 北京地区能接救到最大的猛禽是秃鹫，它挣扎起来的力量非常大，所以康复师至少要能拿得起20千克的重物才能把控得了秃鹫。

❷ 给猛禽拍X光片，为了避免人接受辐射，和鸟一起拍片的康复师需要穿上铅衣，这种铅衣有10千克重。

别把生命当玩具

这是一只灰头绿啄木鸟，有个孩子用绳子束缚住了它的脚。
飞啊，飞啊，真好玩啊！
啄木鸟一次次试图飞翔，却被绳子一次次拽回地面。
我好痛，痛到快要死了。
也许这个孩子只是觉得好玩，也许他还不懂得生命的意义，也许……
如果家长不及时制止，孩子将来可能不只是玩小鸟了。

当一个人习惯了杀戮，听惯了哀号，闻惯了血腥，那么他的心就会变得逐渐麻木，对动物、人类，甚至对自己的生命变得越来越冷漠。

美国麻省预防虐待动物协会（MSPCA）在1975年至1996年期间，针对153起动物虐待案进行了调查分析，并查阅了犯案人员前后十年的犯罪记录档案，发现虐待动物的人犯罪概率远远大于无虐待动物的人。

罪行	虐待动物的人	无虐待动物的人
暴力犯罪	**38%**	7%
财产犯罪	**44%**	11%
毒品犯罪	**37%**	11%
扰乱社会治安罪	**37%**	12%
以上任意一项	**77%**	22%

奥地利心理学家、精神分析学派创始人弗洛伊德认为，人天生就具有“生”和“毁灭”两种本能。向“生”的本能驱使我们表达爱意、同情以及照护弱小，而每个人同样具有趋向毁灭和侵略的冲动，只是各自的表达方式不同，比如影视剧中的暴力场景往往会让观者觉得“过瘾”。

不过其中极少数人对毁灭和侵略的渴求会逐步升级，当观看不能满足心理需求时，就会选择亲自实施虐待行为，而当动物虐待不能给他们提供满足感时，就可能升级为对人类的虐待行为。

很多虐待动物的人可能在成长过程中经历过一些严重的挫折和创伤。这些经历可能引发他们的怨恨并不断积累，最终让他们选择以某种形式进行宣泄。

中国自古以来就倡导人与自然和谐发展，《庄子·齐物论》中“天地与我并生，而万物与我为一”便意指人与自然是生命共同体。古人对自然的敬畏与爱护延续至今，更成为当代人肩上的重任与使命。

通过教育和普及，特别是向青少年儿童播撒关爱和保护动物的种子，可以增强人们的同理心、利他行为和道德责任感，从而提升人们的心理健康程度，这对于构建更加和谐、健康的社会关系有着积极的推动作用。

反对虐待动物，我们能做什么？

2013年，北京市的一次第三方调查显示，84%的受访者认为虐待动物的行为血腥可怕，并对其感到愤慨；86%的受访者赞成相关部门通过立法及处罚的方式减少虐待动物的行为发生。

由此可见，大部分民众对此类事件的态度既鲜明又一致，那就是——坚决反对虐待动物。

我们能为反对虐待动物做的事

当我们遇到认为“虐待动物是小事”的朋友时，可以明确地告诉他们：虐待行为是对社会存在潜在威胁的因素，不应当为其辩护，积极在自己的小圈子内传播正确理念。

当发现有人正在实施虐待动物的行为时，可以在遵守法律的前提下，进行发声制止。

在合适的情况下，表达支持“保护动物相关法规”的建立。

家长要尽量避免孩子接触血腥暴力内容，未成年人的是非观念比较薄弱，模仿能力比较强，一旦认为“虐待”是正常行为，就容易形成扭曲的心理，今后将很难改变。

家长也可以通过饲养猫、狗等小动物的方式来培养孩子的同理心、责任感，养成分享和照顾他人的习惯，这对孩子的身心健康很有好处。

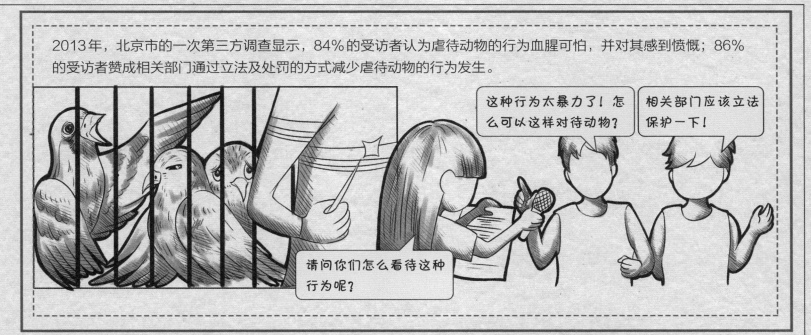

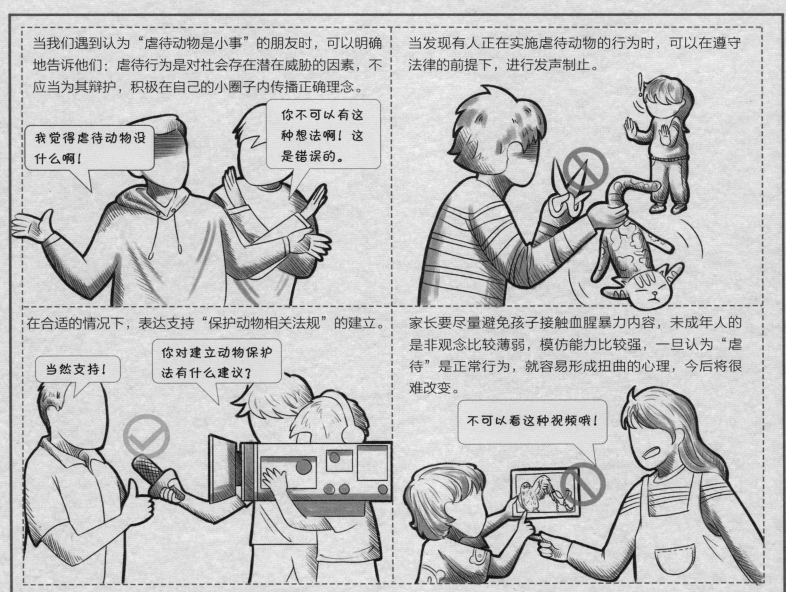

科学放飞

救助中心接收伤病猛禽，也是为了能够让它们早日重返大自然。那么，病愈猛禽需要满足哪些条件，才可以被放飞呢？

放飞条件

1 羽毛结构完整

❶ 即使存在破损的羽毛，之后也能够修补完整；
❷ 羽毛干净整洁，生长角度正常，保温、防水性等功能正常；
❸ 鸮形目猛禽额外要求在飞行时不会发出拍翅声。

2 飞行能力正常

❶ 可以持续飞行后不出现张口呼吸或呼吸困难等状况；
❷ 可以轻松飞行，如果飞行吃力则需要进一步检查；
❸ 双翼伸展自如，能够对称打开，飞行过程中身体不倾斜；
❹ 在飞行前或飞行后不会出现翅膀下垂的姿态；
❺ 在看到人时，优先选择飞走，若选择留在原地跟人对抗，则需要判断是否存在健康或行为问题。

3 视力正常

❶ 确保视力正常，不影响放飞后的飞翔、捕食等活动；
❷ 单眼失明的猛禽应慎重放飞（鸮形目猛禽除外）。

4 行为正常

❶ 着重针对雏幼鸟阶段就被人类捡拾或长期饲养的猛禽进行行为评估；
❷ 确保不存在乞食行为和严重的错误印痕行为；
❸ 确保不会主动攻击人类（需要视物种差异和个体差异而定，例如野生雄性雕鸮和大鵟在繁殖期内会格外暴躁，经常主动攻击人类）；
❹ 具有正常的躲避行为（需要视物种个体差异而定，例如鵟容易因惊吓躺下，而不是选择逃走）。

5 整体健康

❶ 龙骨突指数处于3.5～4.0；
❷ 血检及各项实验室检查结果正常。

6 佩戴环志

需要为痊愈出院的猛禽佩戴由“中国鸟类环志中心”统一发放的环志，测量、记录并上报猛禽的各项数据。

放飞注意事项

❶ 放飞的环境要与所放物种相适应，例如鹰喜欢林地，鵟和雕喜欢旷野。

❷ 尽量远离人类聚居地，尽量不要在同一时间、同一地点放飞多只猛禽。

❸ 放飞的季节和时间需要与物种相匹配，例如隼、鹰、鹫等昼行性猛禽应选择在白天放飞，鸮形目等夜行性猛禽应选择在黄昏或夜晚放飞。

❹ 需要避免在大风、雨雪等恶劣天气放飞猛禽。

❺ 放飞时应将猛禽放到地面，让其自行飞走，不能人为抛投。

❻ 放飞时，其他人不能离得太近，至少距离6米以外。

❼ 有条件的话，需要在猛禽放飞后，做好后续追踪工作。

拒绝非法饲养和买卖

猛禽处于食物生态链顶端，对维持生态系统的稳定性起到至关重要的作用，保护猛禽对保护生态平衡意义重大。所有的猛禽都属于国家二级及以上保护动物，严禁捕捉、贩卖、购买、饲养及伤害。

中华人民共和国野生动物保护法

第一章 第六条

任何组织和个人有保护野生动物及其栖息地的义务。禁止违法猎捕、运输、交易野生动物，禁止破坏野生动物栖息地。

社会公众应当增强保护野生动物和维护公共卫生安全的意识，防止野生动物源性传染病传播，抵制违法食用野生动物，养成文明健康的生活方式。

任何组织和个人有权举报违反本法的行为，接到举报的县级以上人民政府野生动物保护主管部门和其他有关部门应当及时依法处理。

第三章 第二十一条

第一款 禁止猎捕、杀害国家重点保护野生动物。

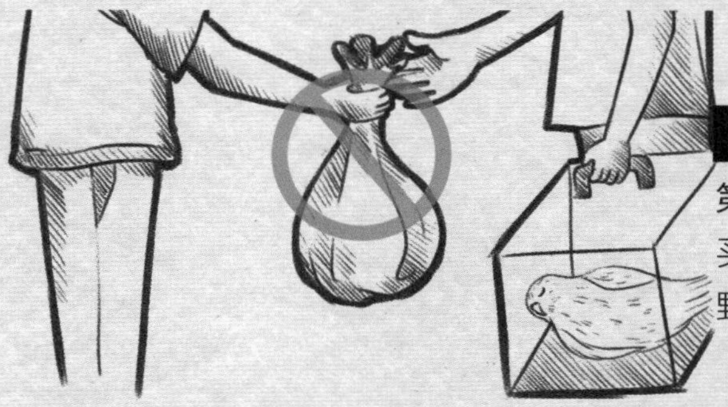

第三章 第二十八条

第一款 禁止出售、购买、利用国家重点保护野生动物及其制品。

第三章 第三十一条

第一款 禁止食用国家重点保护野生动物和国家保护的有重要生态、科学、社会价值的陆生野生动物以及其他陆生野生动物。

第三章 第三十一条

第二款 禁止以食用为目的的猎捕、交易、运输在野外环境自然生长繁殖的前款规定的野生动物。

第三款 禁止生产、经营使用本条第一款规定的野生动物及其制品制作的食品。

第四款 禁止为食用非法购买本条第一款规定的野生动物及其制品。

第三章 第三十三条

禁止网络平台、商品交易市场、餐饮场所等，为违法出售、购买、食用及利用野生动物及其制品或者禁止使用的猎捕工具提供展示、交易、消费服务。

第三章 第三十四条

第一款 运输、携带、寄递国家重点保护野生动物及其制品……应当持有或者附有本法第二十一条、第二十五条、第二十八条或者第二十九条规定的许可证、批准文件的副本或者专用标识。

中华人民共和国刑法

第三百四十一条

第一款 非法猎捕、杀害国家重点保护的珍贵、濒危野生动物的，或者非法收购、运输、出售国家重点保护的珍贵、濒危野生动物及其制品的，处五年以下有期徒刑或者拘役，并处罚金……情节特别严重的，处十年以上有期徒刑，并处罚金或者没收财产。

哇！这就是“猛禽救助中心”

北京猛禽救助中心（Beijing Raptor Rescue Center，BRRC）于2001年12月由北京师范大学与国际爱护动物基金会（International Fund for Animal Welfare，IFAW）联合成立。BRRC坐落于北京师范大学生物园内，是北京市指定的专项猛禽救助中心。BRRC以先进的动物福利理念和标准为指导，采用科学专业的救助方法，为受伤、生病、迷途以及在执法过程中罚没的猛禽提供治疗、护理和康复训练。

猛禽医院 以科学的方法与高动物福利标准救助猛禽，并配合政府促进中国的猛禽救助与保护工作。

培训学校 为从事猛禽救助和康复的专业组织与人员提供能力建设支持，助力在中国形成一个猛禽科学救助网络。

宣教中心 向公众普及鸟类保护相关科学知识，提高公众爱护自然、保护生物多样性的意识和参与热情。

科研基地 与多家权威科研机构、高等院校合作展开科学研究，增进对猛禽的了解。

医疗区

包括实验室、诊疗室、X光室、药房、手术室、病房、隔离区，这些房间内都装备着先进的医疗设备，可以对伤病猛禽进行身体检查和治疗，保证它们得到最好的医疗帮助。

管理区

包括办公区、猛禽食物间、准备区（更衣室、器材准备间）等。

宣教区

这是一个针对参观者和猛禽救助专业医疗人员进行宣教活动的区域。前来参观的公众可以在这里了解野生动物保护方面的法律和相关知识，提高保护野生动物和生物多样性的意识，并真正加入爱鸟、护鸟的队伍当中。

蓝色箱子是什么？

这是北京猛禽救助中心专门定制的中小型猛禽转运箱，它是软塑料材质的，可以遮蔽猛禽的视线，使猛禽在运输过程中不受惊扰，箱体上有通气孔可以防止猛禽感到憋闷。

笼舍区

所有笼舍全部按照国际一流的猛禽救助中心标准进行设计建设，所有笼舍都具有良好的通风、保暖、采光和易于清洁消毒等特点。室内笼舍主要作为伤病猛禽在治疗期间的病房及越冬房；室外笼舍空间大，阳光充足，特别适合猛禽病愈后的训练和康复；大型训飞笼舍为即将放归野外的猛禽提供了充足的飞行空间。

丰容物

“丰容”是一个动物园术语，即在圈养条件下，人为丰富野生动物的生活情趣，尽力满足动物的生理、心理上的需求，促进动物展示更多自然行为而采取的一系列措施。简单来说，就是以动物舒适生活为目的，对动物的生活环境进行装饰和装修。

为什么要建一所“猛禽医院”？

猛禽是对掠食性鸟类的统称，它们在维持环境健康、生态平衡发挥着重要作用。作为食物链顶端的物种，自然界中的猛禽数量相对稀少。此外，不断加速的城市化进程和人类开发活动将大片野生动物家园破坏，猛禽的栖息、觅食和繁殖地不断减少，受伤、迷途所导致的伤病及营养不良等问题日益增多；与此同时，受非法饲养的驱使，针对猛禽的盗猎、走私和贸易直接威胁到猛禽的野外种群，同时给动物的个体带来极大痛苦。

为救助每一只伤病猛禽，通过支持执法部门打击野生动物贸易，保护猛禽野外种群，推广科学的救助方法与高动物福利的救助理念，以及动员公众共同参与动物保护，BRRC作为国内第一家专项野生动物救助机构而成立。截至2024年6月底，中心已接收、救治猛禽超过**6000**只，帮助它们开启新的“鸟生”。

猛禽康复师都干什么？

基础检查

猛禽无法告诉人类它们哪里不舒服，这就需要我们对它们进行系统的检查。一旦发现问题，就会及时进行处理。

血液检查

与人类的医院一样，我们也会为猛禽进行血液检查，以便诊断炎症、病毒感染等肉眼难以发现的病症。

接救猛禽

我们会使用专用运输箱来安置猛禽，软塑料的箱体可以遮挡住猛禽的视线，不仅可以减轻它们的应激反应，还可以防止它们撞伤或别伤肢体。箱体顶部和侧上方的通气孔能防止猛禽感到憋闷。当然，运输箱可以进行反复冲洗消毒。

冲洗笼舍

我们会定期为猛禽置换干净的笼舍，并对它们居住过的笼舍进行冲洗消毒。

X光检查

我们需要通过X光检查来诊断猛禽是否发生骨折，同时确定骨折的位置和伤情以及找到它们体内的异物（如铅弹）。

包扎和手术

我们在对猛禽进行较为复杂的外伤处理或接骨等手术时，需要对“病人”进行呼吸麻醉，以此来减轻它们的痛苦。同时，恒温加热的手术床可以保证它们在麻醉过程中不会出现体温过低的状况。

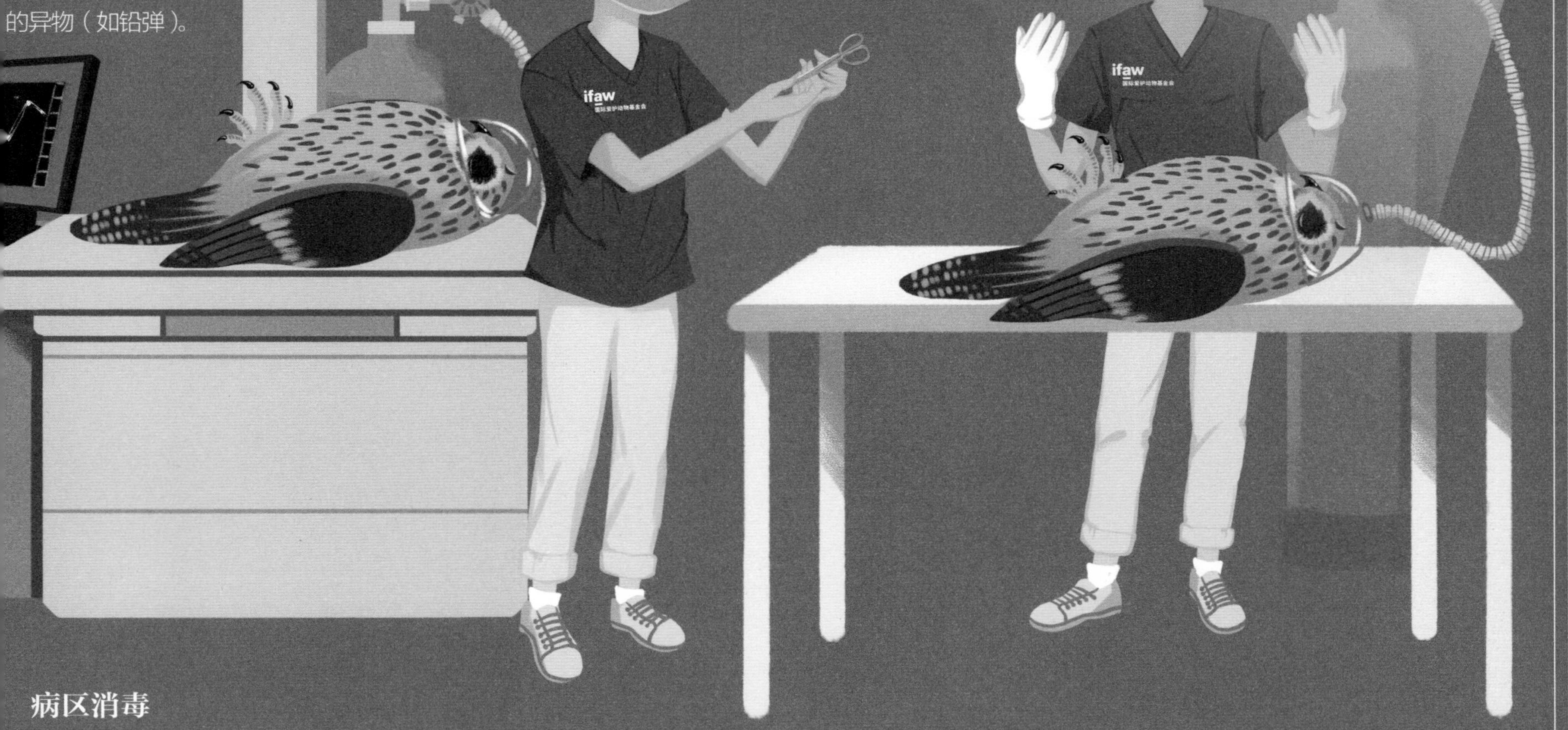

病区消毒

野生猛禽总会携带多种病原微生物，为了避免继发和交叉感染，我们需要定期对笼舍进行消毒。当然，我们使用的消毒液对猛禽是完全无害的。

人工喂食

如果患有伤病的猛禽不能自主进食，我们会对它们进行人工填喂。而我们在填喂雏幼鸟时会非常谨慎，为了不让它们对人类产生错误印痕，我们一般会先用布遮住自己，再使用猛禽造型的手偶给雏幼鸟喂食。